한국산업인력공단 새 출제기준에
따른 최신판!!

가스 텅스텐아크 용접기능사 실기

에듀크라운
국가자격시험문제 전문출판

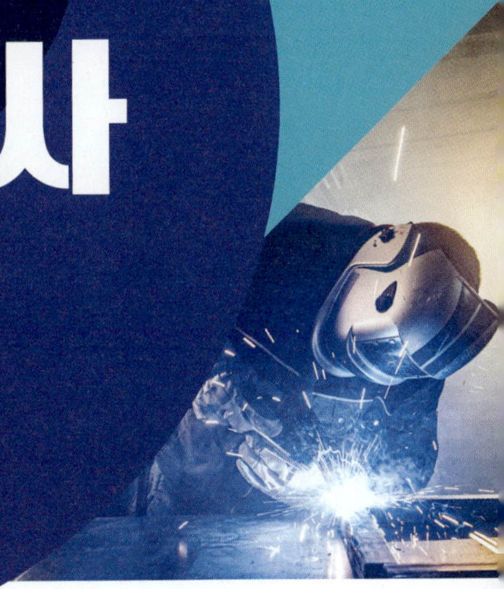

크라운출판사
국가자격시험문제 전문출판
http://www.crownbook.co.kr

이 책을 펴내면서……

용접기술은 제조 산업의 공정 중 반도체분야, 중공업분야, 자동차 공업분야, 전자사업분야, 플랜트 설비 산업분야 등 여러분야에 광범위 하게 사용되고 있다. 이와 같이 용접기술은 모든 산업에 다양하게 활용되고 있는 것은 가공이나 조립공정에 비하여 생산성 및 기밀성, 재료의 절감과 이음 형상의 다양성 등의 장점을 가지고 있기 때문이다, 하지만 잔류 응력이 발생 될 수 있으며 재료의 변형과 결함 등의 단점도 존재한다. 이러한 문제를 해결하기 위해 연구분야 및 학계에서의 많은 연구가 되고있다.

특수용접은 일반적으로 전기용접으로 불리는 피복아크용접과, 가스용접 및 전기저항 용접을 제외한 나머지 용접을 특수용접이라 한다. 1984년부터 국가자격검정〈특수용접기능사〉자격제도가 시행되면서 TIG용접과 CO_2용접으로 시험을 응시하게 되어 일반적으로 특수용접이라 불리게 되었다.

하지만 2023년 부로 〈특수용접기능사〉가 〈가스텅스텐아크용접기능사〉와 〈이산화탄소아크용접기능사〉로 이원화 되었다. 〈가스텅스텐아크용접기능사〉 실기시험은 TIG용접을 이용하여 주어진 도면에 따라 6T 연강 맞대기용접, 3T 스테인리스강 맞대기용접, 스테인리스강 3인치 80A 파이프 온둘레 필릿용접을 정해진 자세로 용접하여 제출 하면 시험감독은 육안검사를 통해 언더컷, 오버랩 등의 용접결함을 확인하여 시험편 외관의 합격 여부를 결정한다.

맞대기용접 시험편은 육안검사 후 이상이 없으면 굽힘시험을 실시하는데 이때 시험의 주최측에서 표면 비드와 이면 비드를 그라인더를 이용해 가공한 후 유압전단기 또는 가스절단으로 굽힘 시험편을 채취하고 굽힘 시험을 실시한다. 시험편 4개중 3개 이상 굽힘 테스트에 통과 해야만 오작을 면할 수 있다.
온둘레 필릿용접 시험편은 육안검사 후 이상이 없으면 파이프에 물을 채워 만수시험을 실시하고 용접부에서 완전한 기밀을 얻어 물이 새어나오지 않아야 오작을 면할 수 있다.

국가자격검정의 최종 합격 여부는 한국산업인력공단(Q-net) 홈페이지에서 정한 합격자 발표일에 확인할 수 있다.

이 교재는 수험생이 〈가스텅스텐아크용접기능사〉 실기시험에 응시할 때 용접을 수행함에 있어 갖추어야 할 능력을 함양하고자 집필하였기에 여러분의 준비에 큰 도움이 되기를 바랍니다.

저자 드림

출제기준(실기)

직무분야	재료	중직무분야	용접	자격종목	가스텅스텐아크용접기능사	적용기간	2023.1.1.~2026.12.31.

○ 직무내용 : 용접 도면을 해독하여 용접절차 사양서를 이해하고 용접재료를 준비하여 작업환경 확인, 안전보호구 준비, 용접장치와 특성 이해, 용접기 설치 및 점검관리하기, 용접 준비 및 본 용접하기, 용접부 검사, 작업장 정리하기 등의 가스텅스텐아크용접(GTAW) 관련 직무이다.

○ 수행준거 : 1. 용접관련 안전사고방지를 위해 보호구, 전기, 화재, 폭발요인 등을 점검하여 작업할 수 있다.
2. 용접절차사양서(용접도면, 작업지시서)에 따라 용접작업을 할 수 있다.
3. 용접봉, 모재, 용접에 필요한 치공구 등을 준비할 수 있고 재료준비를 위한 가공을 할 수 있다.
4. 가스텅스텐아크 용접작업에 사용할 용접장비와 설비, 환기장치의 특성을 이해하고 용접작업에 적합하게 설치하여 이상 유무를 점검할 수 있다.
5. 모재 재질 및 치수를 확인하고 가용접을 할 수 있다.
6. 용접 작업 전·후 및 작업간 용접부 상태를 확인하고 검사할 수 있다.
7. 용접작업 완료 후 작업장에 대한 정리정돈을 할 수 있다.

실기검정방법	작업형	시험시간	2시간 정도

실기 과목명	주요항목	세부항목	세세항목
가스텅스텐아크용접실무	1. 가스텅스텐아크용접 도면해독	1. 도면 파악하기	1. 제작도면을 해독하여 도면에 표기된 이음형상을 파악할 수 있다. 2. 제작도면에 표기된 용접에 필요한 기본 요구사항을 파악할 수 있다. 3. 제작도면을 해독하여 용접구조물 형상을 파악할 수 있다.
		2. 용접기호 확인하기	1. 용접자세를 지시하는 용접 기본기호를 구별할 수 있다. 2. 용접이음의 형상을 지시하는 용접 기본기호를 구별할 수 있다. 3. 용접 보조기호의 의미를 구별할 수 있다.
		3. 용접절차사양서 파악하기	1. 용접절차사양서(용접도면, 작업지시서)에서 용접 일반에 관한 특정 사항 등을 파악할 수 있다. 2. 용접절차사양서(용접도면, 작업지시서)에서 요구하는 이음의 형상을 파악할 수 있다. 3. 용접절차사양서(용접도면, 작업지시서)에서 요구하는 용접방법에 대하여 파악할 수 있다. 4. 용접절차사양서(용접도면, 작업지시서)에서 요구하는 용접조건을 파악할 수 있다. 5. 용접절차사양서(용접도면, 작업지시서)에서 요구하는 용접 후처리 방법에 대하여 파악할 수 있다.
	2. 가스텅스텐아크용접 재료준비	1. 모재 준비하기	1. 용접구조물의 기계적성질, 화학성분, 열처리 특성에 맞는 모재를 선택할 수 있다. 2. 요구하는 용접강도에 맞는 이음형상으로 가공할 수 있다. 3. 요구하는 모재치수에 맞는 이음형상으로 가공할 수 있다. 4. 작업에 사용될 모재를 청결하게 유지할 수 있다.
		2. 용가재 준비하기	1. 용접절차사양서에 따라 용접조건에 맞는 용가재를 선정할 수 있다. 2. 용접절차사양서에 따라 용접모재 크기에 적합한 용가재 지름을 선택할 수 있다. 3. 용접절차사양서에 따라 용접성, 작업성에 적합한 용가재를 선택할 수 있다.

실기과목명	주요항목	세부항목	세세항목
가스텅스텐아크용접실무		3. 용접소모품 준비하기	1. 모재의 재질에 맞는 전극봉을 선정할 수 있다. 2. 전원특성에 맞게 전극봉을 연마할 수 있다. 3. 전원특성에 적합한 전극봉의 지름을 선택할 수 있다. 4. 모재치수에 적합한 전극봉의 지름을 선택할 수 있다. 5. 용접조건에 맞는 보호가스노즐을 선택할 수 있다. 6. 용접조건에 맞는 뒷댐재를 선택할 수 있다.
		4. 보호가스 준비하기	1. 용접작업에 적합한 보호가스 종류를 선택할 수 있다. 2. 아르곤과 헬륨가스의 용도에 따라 선택 할 수 있다. 3. 토치선단에 적정 유량의 보호가스가 나오는지 확인할 수 있다. 4. 퍼징용 보호가스를 설치 할 수 있다.
	3. 가스텅스텐아크용접작업안전보건관리	1. 용접작업 안전수칙 파악하기	1. 산업안전보건법에 따라 용접작업의 안전수칙을 준수할 수 있다. 2. 안전보호구를 준비하고 착용할 수 있다. 3. 안전사고 행동 요령에 따라 사고 시 행동에 대비할 수 있다. 4. 안전수칙을 숙지하여 아크광선에 의한 사고를 대비할 수 있다. 5. 원활한 작업을 위해 절단 및 가공 안전수칙을 준용할 수 있다.
		2. 용접작업장 주변정리 상태점검하기	1. 화재방지를 위해 용접 작업장 주변에 인화물질이 있는지 점검할 수 있다. 2. 화재방지를 위해 용접 작업장에 적합한 소화장비를 비치할 수 있다. 3. 위험방지를 위해 용접 작업장 주변에 낙하물이 있는지 점검할 수 있다. 4. 청결을 위해 용접 작업장 주변을 깨끗이 청소할 수 있다. 5. 용접 작업장의 환기시설을 확인하고 조작할 수 있다.
		3. 용접 안전보호구 점검하기	1. 안전을 위하여 보호구 선택시 유의사항을 파악할 수 있다. 2. 안전수칙에 규정된 보호구 구비조건을 알고 사용할 수 있다. 3. 안전모의 특징을 알고 이를 착용할 수 있다. 4. 안전화의 특징을 알고 이를 착용할 수 있다. 5. 보호복의 특징을 알고 이를 착용할 수 있다.
		4. 용접설비 안전 점검하기	1. 용접작업 전 전원장치의 상태를 점검 할 수 있다. 2. 용접작업 전 부속설비의 상태를 점검 할 수 있다. 3. 용접작업 전 용접기 전원스위치(on, off) 상태를 점검할 수 있다. 4. 용접작업 전 용접기 접지상태를 점검할 수 있다. 5. 용접작업 전 보호가스용기 연결부위의 누설을 점검할 수 있다.
		5. 물질안전 보건자료 점검하기	1. 용접재료의 화학물질 특징을 파악 할 수 있다. 2. 모재의 특징을 점검하고 적합한 조치를 할 수 있다. 3. 용접 용가재의 특징을 점검하고 적합한 조치를 할 수 있다. 4 전극봉의 재질에 따른 특징을 점검하고 적합한 조치를 할 수 있다. 5. 보호가스의 특징을 점검하고 적합한 조치를 할 수 있다.
	4. 가스텅스텐아크용접 장비준비	1. 용접장비 설치하기	1. 용접작업 전 가스텅스텐아크용접기 설치장소를 확인하여 정리정돈할 수 있다. 2. 용접작업에 적합한 용접기의 용량을 선택할 수 있다. 3. 용접작업에 사용할 용접기에 1차 입력 케이블을 연결할 수 있다. 4. 용접작업에 사용할 접지 케이블을 연결할 수 있다.
		2. 보호가스 설치하기	1. 보호가스 용기의 레귤레이터를 설치할 수 있다. 2. 설치한 레귤레이터와 용접기 간의 가스호스를 연결할 수 있다. 3. 보호가스의 압력과 유량을 용접작업에 알맞게 조정할 수 있다.

실기과목명	주요항목	세부항목	세세항목
가스텅스텐아크용접실무		3. 용접토치 설치하기	1. 용접전원 용량에 적합한 토치를 선정할 수 있다. 2. 용접작업에 사용할 용접토치를 용접기에 연결할 수 있다. 3. 용접작업에 적합한 토치를 조립할 수 있다.
		4. 용접장비 시운전하기	1. 보호가스가 토치부로 적정 유량이 나오는지 확인할 수 있다. 2. 용접기의 작동상태를 확인할 수 있다. 3. 용접작업에 적합한 용접전류를 선택할 수 있다. 4. 용접기의 정상적인 출력상태를 확인할 수 있다.
	5. 가스텅스텐 아크용접 가용접작업	1. 모재치수 확인하기	1. 주어진 용접조건에 맞는 모재의 재질을 파악할 수 있다. 2. 도면에 따라 용접조건에 맞는 모재의 치수를 파악할 수 있다. 3. 측정용 공구를 사용하여 도면과의 일치 여부를 확인할 수 있다.
		2. 그루브가공 확인하기	1. 도면에 따라 그루브 가공에 사용되는 공구, 기계 등을 선택하여 사용할 수 있다. 2. 그루브 가공의 이상유무를 확인하여 수정할 수 있다. 3. 도면에 맞게 그루브 가공이 되었는지 측정할 수 있다.
		3. 가용접하기	1. 도면에 따라 용접 구조물 조립을 위한 순서를 정할 수 있다. 2. 도면에 따라 용접 구조물의 이음 형상에 적합한 가용접 위치를 선정할 수 있다. 3. 도면에 따라 용접 구조물의 이음 형상에 적합한 가용접 길이를 선정할 수 있다. 4. 도면에 따라 용접 구조물이 변형되지 않도록 가용접 작업을 수행할 수 있다.
		4. 조립상태 확인하기	1. 도면에 따라 가조립 상태를 확인할 수 있다. 2. 도면에 적합하게 조립상태를 수정할 수 있다. 3. 도면에 따라 가조립 상태 수정 시 작업방법을 알 수 있다.
	6. 가스텅스텐 아크용접 비드쌓기	1. 용접 조건 설정하기	1. 용접절차사양서에 따라 가스텅스텐아크용접을 실시할 모재의 특성, 두께, 이음의 형상을 파악할 수 있다. 2. 용접절차사양서에 따라 용접전류를 선택할 수 있다. 3. 용접절차사양서(용접도면, 작업지시서)에 따라 적합한 용접기의 작업기준을 설정할 수 있다. 4. 용접절차사양서(용접도면, 작업지시서)에 따라 용접 작업표준을 설정할 수 있다.
		2. 가스텅스텐아크 직선비드 용접하기	1. 용접절차사양서(용접도면, 작업지시서)에 따라 용접기의 종류를 선정하고 용접조건을 설정할 수 있다. 2. 용접절차사양서(용접도면, 작업지시서)에 따라 가스텅스텐아크 직선비드 용접작업을 수행할 수 있다. 3. 용접절차사양서(용접도면, 작업지시서)에 따라 용접 후처리를 할 수 있다.
		3. 가스텅스텐아크 위빙 용접하기	1. 용접절차사양서(용접도면, 작업지시서)에 따라 용접기의 종류를 선정하고 용접조건을 설정할 수 있다. 2. 용접절차사양서(용접도면, 작업지시서)에 따라 가스텅스텐 위빙 용접작업을 수행할 수 있다. 3. 용접절차사양서에 따라 용접 후처리를 할 수 있다.

실기과목명	주요항목	세부항목	세세항목
가스텅스텐아크용접실무	7. 가스텅스텐아크 용접 맞대기용접	1. 용접부 온도관리하기	1. 용접부 형상과 모재의 종류에 따른 예열 기구를 이해하고 적용할 수 있다. 2. 용접절차사양서에 규정된 예열 온도를 준수하여 용접부를 예열할 수 있다. 3. 다층용접인 경우에는 용접절차사양서에 규정된 층간 온도를 준수하여 용접작업을 할 수 있다.
		2. 아래보기 자세 용접하기	1. 용접절차사양서(용접도면, 작업지시서)에 따라 용접기의 종류를 선정하고 용접조건을 설정할 수 있다. 2. 용접절차사양서(용접도면, 작업지시서)에 따라 아래보기 자세 용접작업을 수행할 수 있다. 3. 용접절차사양서(용접도면, 작업지시서)에 따라 용접 후처리를 할 수 있다.
		3. 수직 자세 용접하기	1. 용접절차사양서(용접도면, 작업지시서)에 따라 용접기의 종류를 선정하고 용접조건을 설정할 수 있다. 2. 용접절차사양서(용접도면, 작업지시서)에 따라 수직 자세 용접작업을 수행할 수 있다. 3. 용접절차사양서(용접도면, 작업지시서)에 따라 용접 후처리를 할 수 있다.
		4. 수평 자세 용접하기	1. 용접절차사양서(용접도면, 작업지시서)에 따라 용접기의 종류를 선정하고 용접조건을 설정할 수 있다. 2. 용접절차사양서(용접도면, 작업지시서)에 따라 수평 자세 용접작업을 수행할 수 있다. 3. 용접절차사양서(용접도면, 작업지시서)에 따라 용접 후처리를 할 수 있다.
		5. 위보기 자세 용접하기	1. 용접절차사양서(용접도면, 작업지시서)에 따라 용접기의 종류를 선정하고 용접조건을 설정할 수 있다. 2. 용접절차사양서(용접도면, 작업지시서)에 따라 위보기 자세 용접작업을 수행할 수 있다. 3. 용접절차사양서(용접도면, 작업지시서)에 따라 용접 후처리를 할 수 있다.
	8. 가스텅스텐아크용접 필릿용접	1. 가스텅스텐아크 T형 필릿 및 온둘레필릿 용접하기	1. 도면에 따라 용접기의 종류를 선정하고 용접조건을 설정할 수 있다. 2. 도면에 따라 가스텅스텐아크 T형 필릿 및 온둘레 필릿 용접작업을 수행할 수 있다. 3. 도면에 따라 용접 후처리를 할 수 있다.
		2. 가스텅스텐아크 모서리 용접하기	1. 도면에 따라 용접기의 종류를 선정하고 용접조건을 설정할 수 있다. 2. 도면에 따라 가스텅스텐 모서리 용접작업을 수행할 수 있다. 3. 도면에 따라 용접 후처리를 할 수 있다.
	9. 가스텅스텐아크 용접부 검사	1. 용접 전 검사하기	1. 모재의 재질 및 용접조건을 확인할 수 있다. 2. 용접 이음부의 개선 그루브 상태의 적합성 여부를 확인할 수 있다. 3. 용접부 모재의 청결 상태를 확인할 수 있다. 4. 용접구조물의 가용접 상태를 확인할 수 있다.
		2. 용접 중 검사하기	1. 용접부의 수축 변형 상태를 확인할 수 있다. 2. 용접부의 층간 온도 유지 상태를 확인할 수 있다. 3. 용접부의 결함여부를 육안으로 확인할 수 있다.

실기 과목명	주요항목	세부항목	세세항목
가스 텅스텐 아크 용접 실무		3. 용접 후 검사하기	1. 용접부 외관검사를 할 수 있다. 2. 도면에 따라 용접부의 치수를 검사할 수 있다. 3. 용접부의 변형상태를 검사할 수 있다. 4. 작업지침서에 따라 일부 비파괴검사를 할 수 있다.
	10. 가스텅스텐아크 용접 작업 후 정리정돈	1. 보호가스 차단하기	1. 용접용 보호가스 밸브를 차단할 수 있다. 2. 보호가스 누설을 확인 및 검사할 수 있다. 3. 검사 실시 후 이상 발견 시 상황에 맞는 조치를 취할 수 있다.
		2. 전원 차단하기	1. 용접기 본체의 스위치를 차단할 수 있다. 2. 용접부스에 공급되는 메인전원을 차단할 수 있다. 3. 배기 및 환기시설 전원을 차단할 수 있다.
		3. 작업장 정리·정돈하기	1. 용접모재 및 잔여 재료를 정리 정돈할 수 있다. 2. 용접용 보호구 및 작업 공구를 정돈할 수 있다. 3. 용접작업 후 화재의 위험요소 잔존여부를 확인할 수 있다. 4. 용접작업 후 안전점검을 시행하고 안전일지를 작성할 수 있다. 5. 작업장 주변을 청결하게 청소할 수 있다. 6. 용접작업 시 사용한 전기기기를 안전하게 정리정돈할 수 있다. 7. 용접케이블을 안전하게 정리정돈할 수 있다.

차 례

◎ NCS기반 가스텅스텐아크용접 기능사 실기

제1장 용접 공통직무
제1절 작업안전관리	12
제2절 재료준비	16
제3절 장비설치	32

제2장 연강 맞대기용접
제1절 비드쌓기	46
제2절 가용접	64
제3절 맞대기용접	70

제3장 스테인리스강 맞대기용접
제1절 비드쌓기	78
제2절 가용접	84
제3절 맞대기용접	90

제4장 온둘레 필릿용접(일주용접)
제1절 가용접	108
제2절 온둘레 필릿용접	112

제5장 용접부 검사
제1절 연강 맞대기용접 검사	114
제2절 스테인리스강 맞대기용접 검사	117
제3절 온둘레 필릿용접 검사	122

부록 가스텅스텐아크용접기능사 실기 공개문제　　124

1

가스텅스텐아크용접기능사 실기

제1장

용접 공통직무

제1절 작업안전관리
제2절 재료준비
제3절 장비설치

제1절 작업안전관리

1. 안전보호구 준비

(1) 용접면 준비하기

① 가스텅스텐아크용접에 필요한 용접면의 종류는 다음과 같다.

[그림 1.1.1]은 수동 개폐 용접면의 본체 및 주요 구성품을 나타내고 있다. 특히, (d)의 용접 돋보기의 경우 40대 후반부터 노안이 시작된 사람들이 근시로 인해 용융지를 정확히 볼 수 없을 경우에 많이 사용한다.

일반 돋보기안경을 착용할 경우 용접하는 도중에 김서림 현상이 발생하는 불편함이 있을 수 있어 대안으로 용접면에 장착하여 사용하는 돋보기가 시중에서 많이 판매되고 있다.

용융지로부터 30cm 이내 거리의 시야에서 용융지를 선명하게 볼 수 있도록 자신에게 알맞은 도수를 선택하도록 한다. 주로 사용되는 도수는 1.75~2.00 수준이다. 용접돋보기는 수동면과 자동면 모두 장착 가능하다.

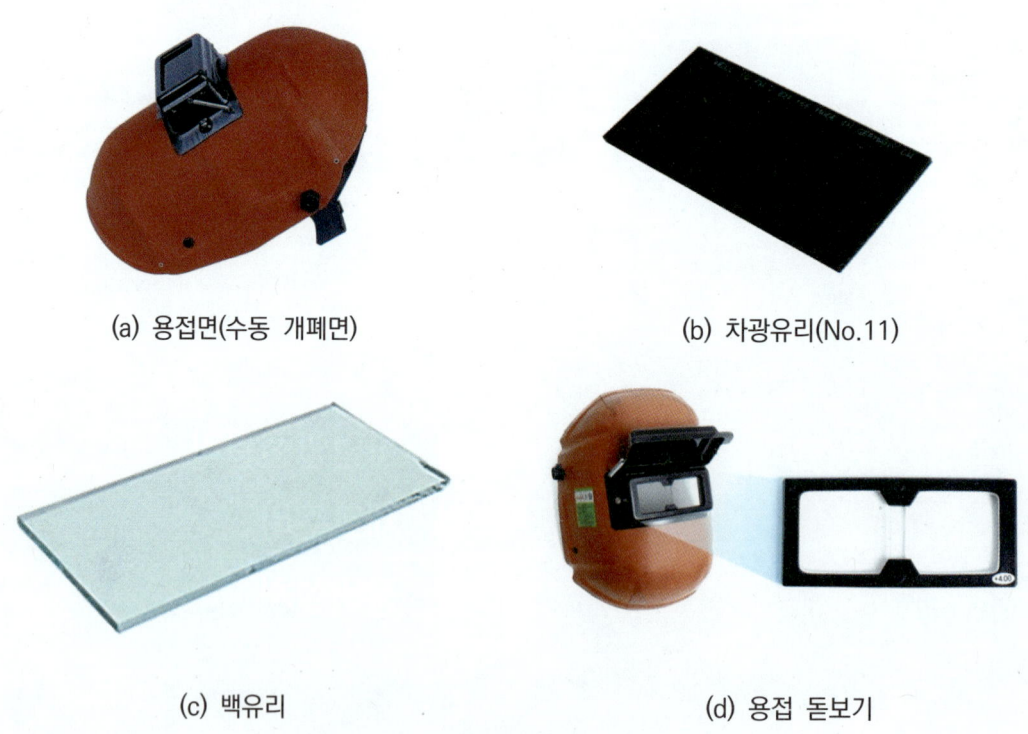

(a) 용접면(수동 개폐면) (b) 차광유리(No.11)

(c) 백유리 (d) 용접 돋보기

[그림 1.1.1] 수동 개폐 용접면 주요 구성품

② 수동 개폐 용접면을 사용할 경우 차광유리의 차광도를 점검하도록 한다.

가스텅스텐아크용접기능사에서 주로 사용하는 전류값은 50~130A 정도이며 권장하는 차광도는 10~11호 수준이다. 차광유리를 10호 이하로 사용할 경우 눈의 피로가 쉽게 올 수 있으므로 장시간 사용하는 것은 바람직하지 않다.

11호 이상의 경우에는 차광도가 너무 높아 용접 중에 용접부위의 시야확보가 어려워 정확한 운봉을 할 수가 없어 용접품질이 저하될 수도 있다. 자신이 사용하고 있는 차광유리의 차광도를 반드시 확인하도록 한다.

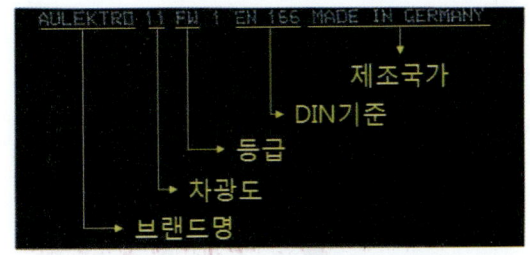

[그림 1.1.2] 차광유리 점검

③ [그림 1.1.3]은 자동차광 용접면의 종류를 나타내고 있다.

가스텅스텐아크용접의 경우 한손은 용접토치를 잡고 다른 한손 용가재를 잡고 용접을 한다. 자동면은 별도로 개폐면을 손으로 열고 닫는 불편함이 없고 자동으로 용접면 전면에 설치되어있는 조도센서를 통하여 빛의 양에 따라 자동으로 차광이 이루어진다.

예전에는 자동 용접면은 고가의 제품들이 많았으나, 현재에는 많은 대중화를 통해 저가형 제품들 또한 많이 출시되고 있다.

(a) 자동차광 용접면 1

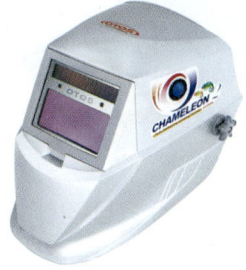

(b) 자동차광 용접면 2

(c) 자동차광 용접고글

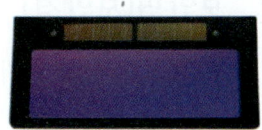

(d) 수동면 부착용 자동차광 유리

[그림 1.1.3] 자동 차광 용접면의 종류

(2) 보호의복 준비하기

① 용접작업 중 신체의 화상이나 부상을 방지하기 위해 [그림 1.1.4]에서 나타낸 보호의복은 반드시 착용하도록 한다.

(a) 용접 두건(청 재질) (b) 용접 상의(청 재질)

(c) 용접 장갑 (d) 용접 안전화

[그림 1.1.4] 가스텅스텐아크용접 시 착용하는 보호의복류

(3) 용접마스크, 보안면(보안경), 귀마개 준비하기

① 용접 작업 중 발생되는 금속 흄가스, 분진, 금속가루 등이 호흡기를 통해 인체에 축적되게 되면 추후에 생명에 지장을 주는 중대한 질병이 발병할 확률이 높아진다.

그러므로 위와 같은 질병에 노출되지 않도록 용접 작업 중에는 꼭 마스크를 착용하는 것이 좋다. 일회용 방진마스크를 사용한다면 반드시 1급을 착용하도록 한다.

또한 가공실 내에서도 연마작업 시 비산하는 금속가루가 많기 때문에 마스크 및 보안면(보안경)

을 반드시 착용한다.

추가적으로 연마작업시에는 소음이 많이 발생되는데 장시간 소음에 노출되면 청력이 나빠질 수 있다. 그러므로 반드시 귀마개를 착용하는 것이 좋다.

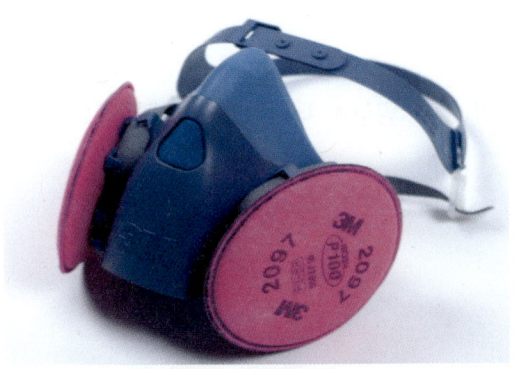

(a) 용접용 방독마스크

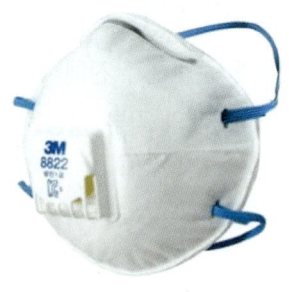

(b) 방진마스크 1급

(c) 보안면

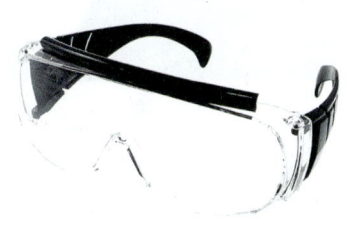

(d) 보안경

(e) 헤드밴드형 귀마개

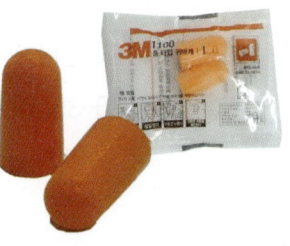

(f) 이어플러그형 귀마개

[그림 1.1.5] 용접용 마스크, 보안면(보안경), 귀마개의 종류

제 2 절 재료 준비

1. 용접 모재 준비

(1) 연강용 맞대기용접 모재 준비하기

용접 시험모재를 준비하기 전에 V형 맞대기 용접부의 각부 명칭에 대하여 알아보자. [그림 1.2.1]은 맞대기용접 시험모재의 각부 명칭을 나타내었다.

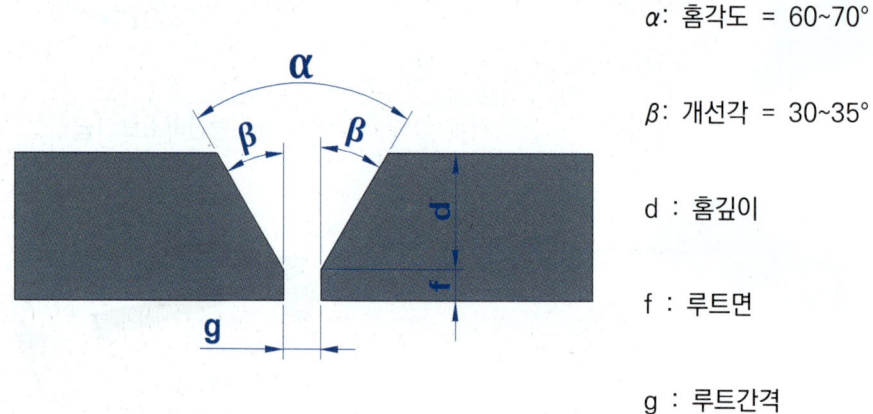

α: 홈각도 = 60~70°

β: 개선각 = 30~35°

d : 홈깊이

f : 루트면

g : 루트간격

[그림 1.2.1] V형 맞대기 용접부의 각부 명칭

'가스텅스텐아크용접기능사' 실기시험에 출제되는 시험용 모재는 일반 구조용강판 SS275 재질을 이용하며 시험편의 규격은 t6(두께) × 100W(폭) × 150L(용접선 길이)을 사용하게 된다. 모재의 가공은 유압전단, 가스절단, 플라즈마절단 및 레이저 절단법 등을 이용하여 절단을 진행한 후 밀링 또는 그라인더 가공법을 통해 30~35°로 정밀 개선가공을 하게 된다.

■ 연강 맞대기 시험편 규격(SS275)

$t6 \times 100W \times 150L \times$ 2매

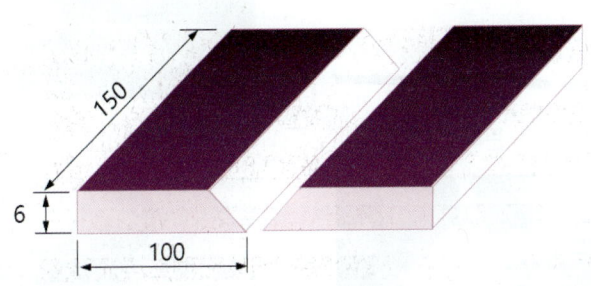

[그림 1.2.2] 연강 맞대기용접 시험편 규격

■ 연강 시험편 가공
- 홈 각도 : **60~70°**
- 루트 면 : **0 mm**
- 루트 간격 : **3.2mm**

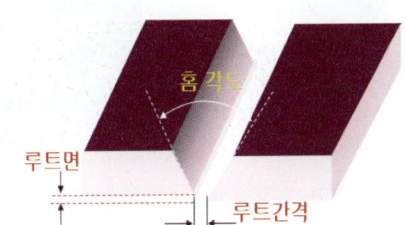

[그림 1.2.3] 연강 맞대기용접 시험편 가공

연강 맞대기용접 과제에서 지급되는 t6 연강판의 경우 홈각도는 70° 이하로 기계가공 되어 지급된다. 모재의 개선면은 기계 가공 시 발생하는 유분 및 이물질 을 반드시 제거해야 한다. 또한 시험편 이면과 표면에서 용접이 진행되는 용접부 주변 10mm 이상의 검은색 피막도 반드시 제거해야만 우수한 용접품질을 얻을 수 있다. 홈 가공의 목적은 이면부터 표면까지 완전용입을 실시함으로써 용접부 검사 중 굽힘시험을 통과하기 위해서이다.

가스텅스텐아크용접기능사 실기

(a) t6 연강판 준비

(b) 개선각 확인

(c) 표면 산화피막 제거   (d) 이면 산화피막 제거

(e) 개선면 유분 및 이물질 제거

(f) 가공 완료한 6T 연강판

[그림 1.2.4] t6 연강판의 산화피막 가공

t6 연강 모재의 개선면 및 용접부 산화피막을 가공하는 방법은 다음과 같다.

① t6×100×150 연강판 2장을 준비한다.
② 각도게이지로 개선각의 각도(30~35°)를 확인한다.
③ 모재 표면의 산화피막을 그라인더를 이용하여 폭 10~15mm 정도에 전체길이 150mm를 깨끗이 가공한다.
④ 모재 이면의 산화피막을 그라인더를 이용하여 폭 10mm 정도에 전체길이 150mm를 깨끗이 가공한다.

⑤ 모재 개선면의 유분 및 이물질을 그라인더를 이용하여 전체 길이 150mm를 깨끗이 가공한다.
⑥ 모재의 가공 상태를 확인한다.

(2) 스테인리스강 맞대기용접 모재 준비하기

스테인리스강 맞대기용접 시험편의 경우 홈 각도가 70° 이하의 모재가 지급된다. 실제 시험에서는 별도의 가공 없이 그대로 용접을 진행한다.

■ 스테인리스강 맞대기 시험편 규격(STS 304)

$t3 \times 75W \times 150L \times$ 2매

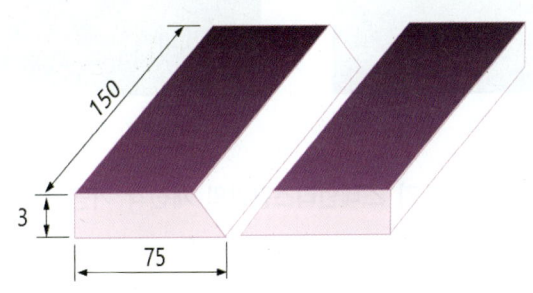

[그림 1.2.5] 스테인리스강 맞대기용접 시험편 규격

■ 스테인리스강 시험편 가공
  ○ 홈 각도 : **60~70°**
  ○ 루트 면 : **0 mm**
  ○ 루트 간격 : **시점(3.2mm)**
                종점(4.0mm)

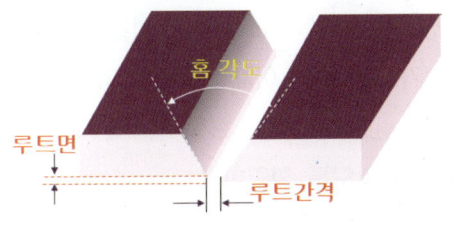

[그림 1.2.6] 연강 맞대기용접 시험편 가공

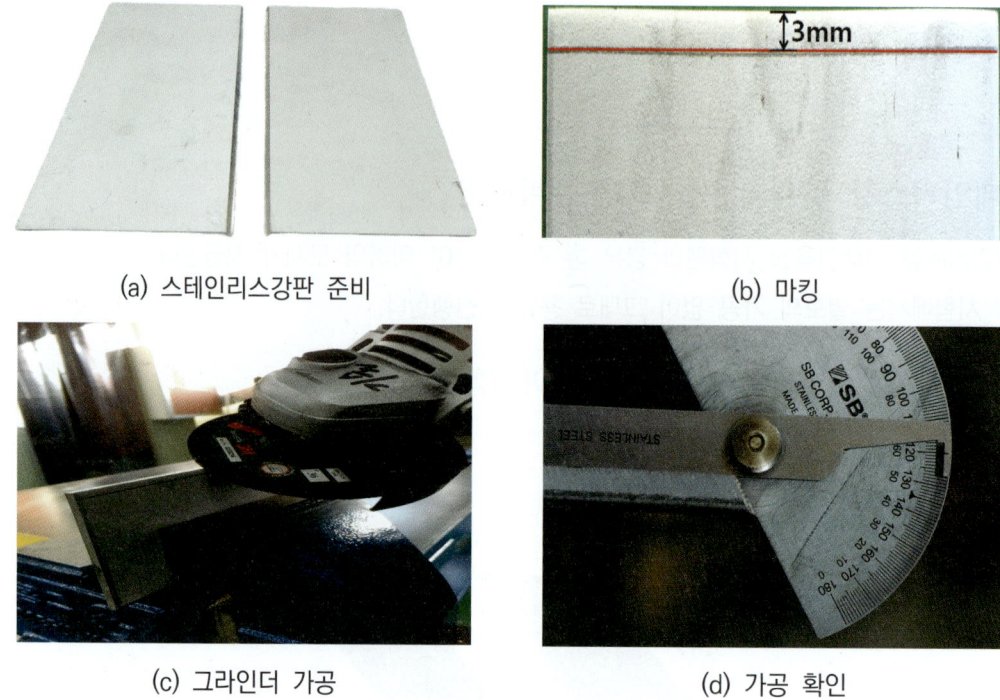

(a) 스테인리스강판 준비 (b) 마킹
(c) 그라인더 가공 (d) 가공 확인

[그림 1.2.7] 스테인리스강판의 개선각 가공

본 교재에서는 용접연습을 위해 개선가공이 되어있지 않은 무개선 모재를 30~35°로 개선 가공하여 실습을 진행하도록 한다.

스테인스강판의 개선각을 가공하는 방법은 다음과 같다.
① t3×75W×150L 스테인리스강판을 준비한다. 스테인리스강의 표면에 녹이나 이물질이 있는 경우 핸드브러쉬 및 와이어브러쉬 등으로 깨끗이 제거하여야 한다.
② V형 홈가공에서 150mm의 한쪽면 30~35° 가공을 위해 금긋기 바늘이나 석필 등을 이용하여 한쪽면 끝단에서 안쪽으로 약 3mm 정도 선을 긋는다.
③ 4인치 그라인더를 이용하여 가공을 하며 이때 그라인더의 연마석은 스테인리스 전용으로 사용하는 것이 좋다.
④ 가공 후 각도게이지로 개선각의 각도를 확인한다.

(3) 온둘레 필릿용접 모재 준비하기

스테인리스강 온둘레 필릿용접 시험편의 경우 강판은 t4 × 200W × 220L, 파이프는 t3(Sch10s) × 80A(⌀89.1) × 50L이 각각 지급된다.
온둘레 필릿용접은 별도의 가공 없이 그대로 용접을 진행한다.

■ 스테인리스강 온둘레 필릿용접 규격(STS 304)

강판 : $t4 \times 200W \times 220L \times$ 2매
파이프 : $t3(Sch10s) \times 80A(\varnothing 89.1) \times 50L$

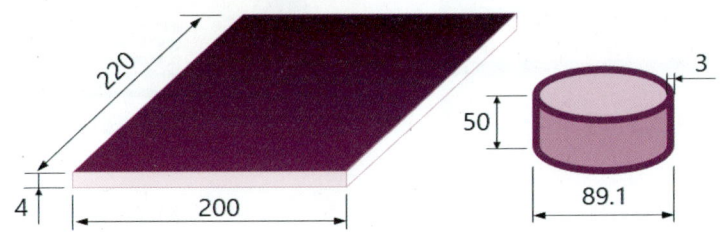

[그림 1.2.8] 스테인리스강 맞대기용접 시험편 규격

스테인스강 온둘레 필릿용접 시험편 준비는 다음과 같다.
① 스테인리스강판과 파이프의 용접부 부분의 녹이나 이물질 등을 와이어브러쉬 또는 그라인더를 이용하여 제거한다.
② 강판과 파이프의 규격이 도면과 일치하는지 확인한다.

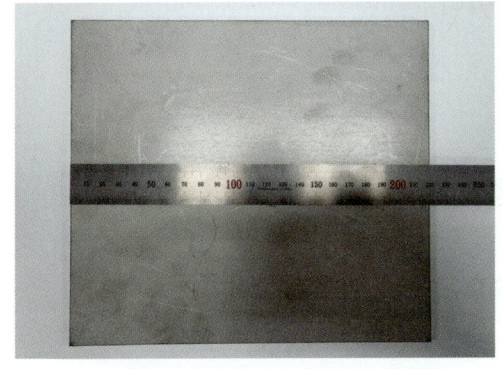
(a) 스테인리스강판 전체 길이 측정

(b) 파이프 두께 측정

[그림 1.2.9] 스테인리스강 온둘레 필릿용접 시험편 준비

2. 용가재 준비

(1) 연강용 용가재 준비하기

시험에서 지급되는 동일한 규격의 연강 맞대기용접을 위한 용가재(용접봉)는 YGT-50 (⌀2.4 × 1,000mm)을 준비한다.

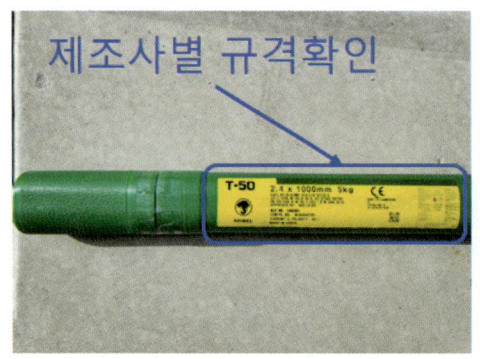

(a) 연강 용가재

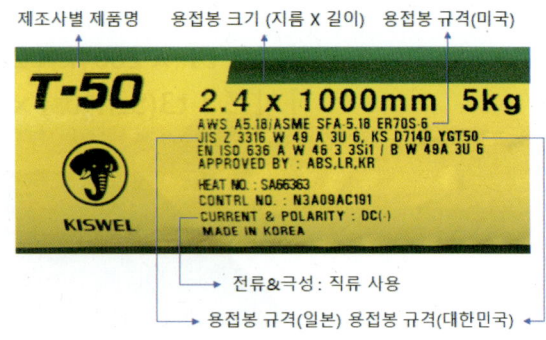

(b) 용가재 규격

[그림 1.2.10] 용접봉 제조사별 규격 확인

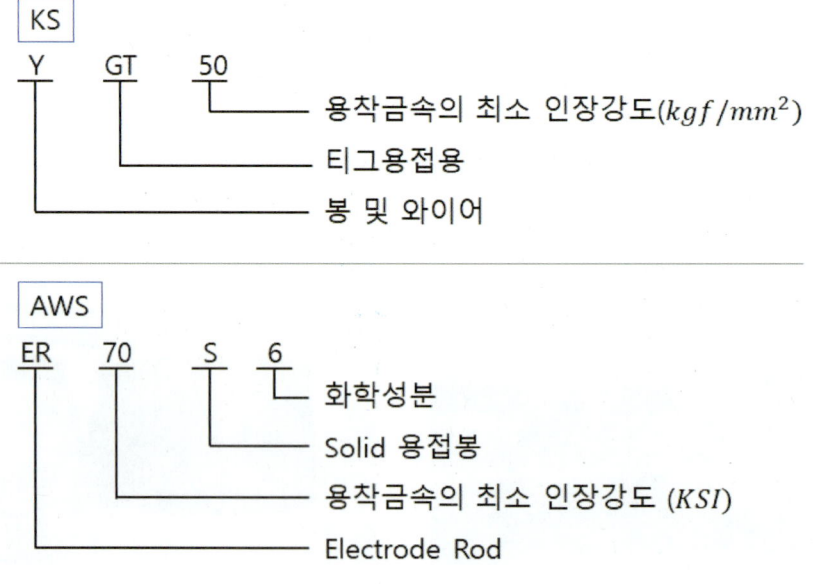

[그림 1.2.11] 연강 용가재 규격의 의미

가스텅스텐아크용접 연강 재질의 용가재는 YGT50(KS D 7140)과 같이 표시되며 여기서 'Y'는 용접봉, 'GT'는 가스텅스텐아크용접, '50'은 용착금속의 최소인장강도(kgf/mm^2)를 의미한다. 국내에서 생산되는 대부분의 용가재는 해외로 수출되기 때문에 용가재는 KS(한국공업규격)가 아닌 AWS(미국용접협회)규격에 맞춰 표기 되어진다. KS에서 YGT50 연강 용가재는 AWS에서 ER70S-6으로 표시하고 있다. 규격을 표기할 때 가장 첫 번째 'E'는 Electrode, 'R'은 Rod(봉)의 약어이며, '70'은 단위면적당 최소인장강도(KSI), 'S'는 화학성분에 따른 분류를 나타낸다.

① 용가재 제조사별 메이커에 따른 알맞은 규격을 확인하며 용가재는 5kg 단위로 구성되어 있다.
② 용가재 통 표면에 붙어있는 규격사항을 사용 전 꼭 확인 하도록 한다.
③ ∅2.4 ×1,000mm 용가재의 끝단에 'ER70S-6'으로 표기가 되었는지 확인한다.

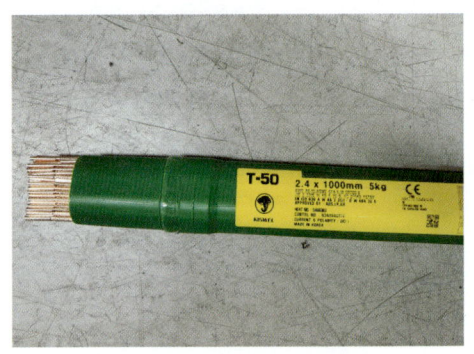

(a) 연강 용가재 준비

(b) 용가재 규격 확인

(c) 용가재 절단기

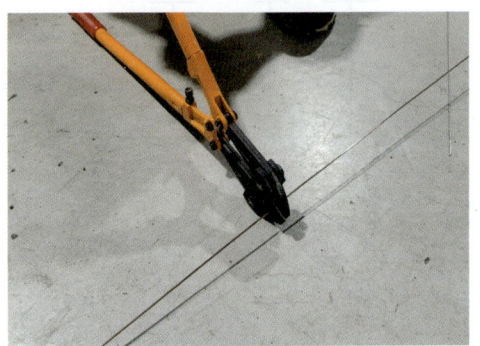

(d) 용가재 절단

[그림 1.2.12] 용가재 준비

④ 초보자들의 경우 용가재가 1,000mm이므로 사용이 불편할 수가 있으니 용가재 절단기를 이용하여 절반으로 절단하여 사용한다.

(2) 스테인리스강용 용가재 준비하기

시험 기준과 동일한 스테인리스강 맞대기용접을 위한 용가재 STSY308 (∅2.4 × 1,000mm)을 준비한다.

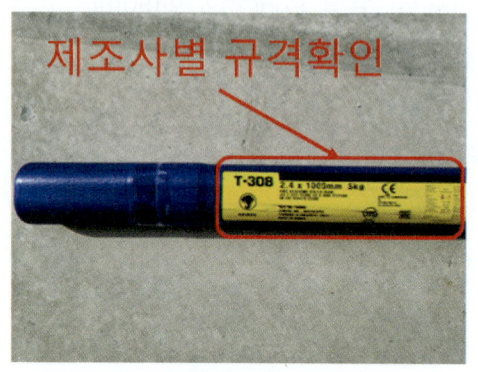
(a) 스테인리스강 용가재

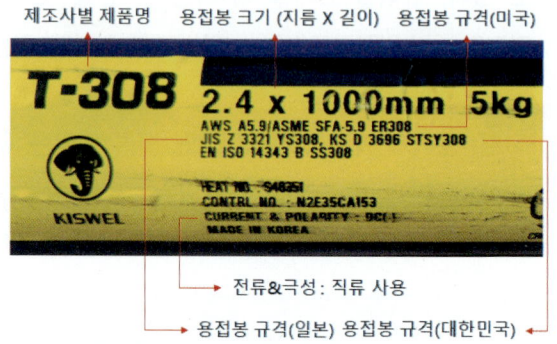
(b) 용가재 규격

[그림 1.2.13] 스테인리스강 용가재 제조사별 규격 확인

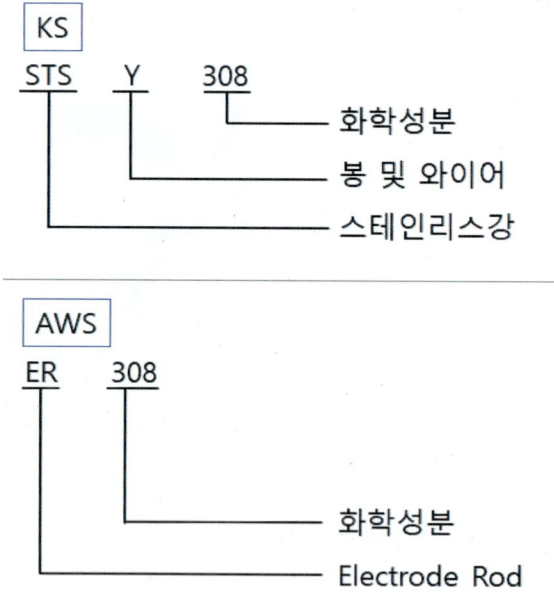

[그림 1.2.14] 스테인리스강 용가재 규격의 의미

가스텅스텐아크용접 스테인리스강 재질의 용가재는 STSY308(KS D 3696)과 같이 표시되며 여기서 'STS'는 스테인리스강, 'Y'는 용접봉, '308'은 화학성분의 분류를 의미한다. 국내에서 생산되는 대부분의 용가재는 해외로 수출되기 때문에 KS(한국공업규격)가 아닌 AWS(미국용접협회)규격에 맞춰 표기되어진다. KS에서 STSY308 용가재는 AWS에서 ER308으로 표시하고 있다. 규격을 표기할 때 가장 첫 번째 'E'는 Electrode, 'R'은 봉(Rod)의 약어이며, '308'은 화학성분의 분류를 나타낸다.

① 용가재 제조사별 메이커에 따른 알맞은 규격을 확인하며 용가재는 5kg 단위로 구성되어 있다.
② 용가재 통 표면에 붙어있는 규격사항을 사용 전 꼭 확인 하도록 한다.
③ ø2.4 × 1,000mm 용가재의 끝단에 'ER308'로 표기가 되었는지 확인한다.
④ 초보자들의 경우 용가재가 1,000mm이므로 사용이 불편할 수가 있으니 용가재 절단기를 이용하여 절반으로 절단하여 사용한다.

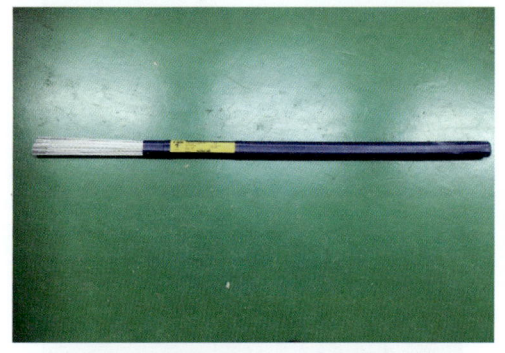 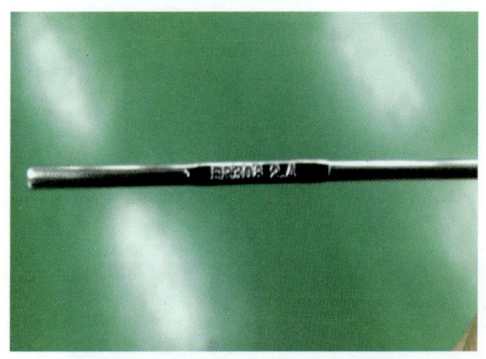

(a) 스테인리스강 용가재 준비　　　　(b) 스테인리스강 용가재 확인

[그림 1.2.15] 스테인리스강 용가재 준비

3 치공구 준비하기

(1) 치공구 준비하기

① 가스텅스텐아크용접 실습에 필요한 치공구는 다음과 같다.

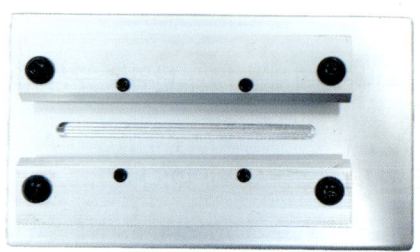

(a) STS 맞대기용접 가스 쉴드 지그

(b) 4인치 그라인더

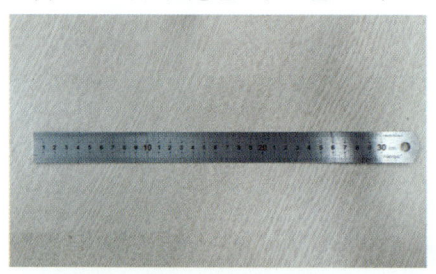

(c) 강철자

(d) 자석

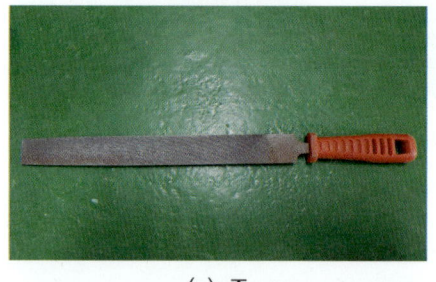

(e) 줄

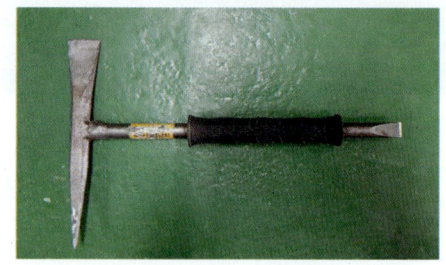

(f) 슬래그 해머

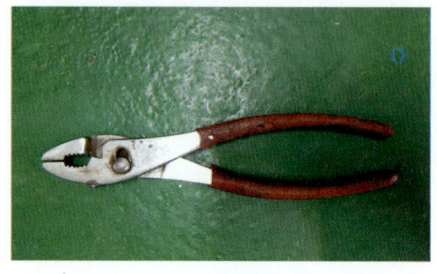

(g) 용접집게

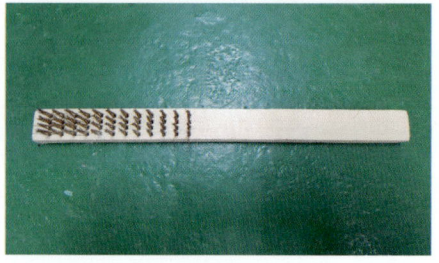

(h) 와이어 브러쉬

[그림 1.2.16] 용접 치공구의 종류

4. 전극봉 준비 및 가공

(1) 전극봉 준비하기

가스텅스텐아크용접기능사 실기시험에서 토륨 2%가 함유된 ∅2.4 × 150mm 규격의 텅스텐전극봉이 사용된다. 텅스텐은 용융점이 3,387℃, 비중이 19.3이며, 상온에서는 물과 반응하지 않고 고온에서 증발현상이 없어 고온 강도를 유지하고 전자 방출 능력이 높으며, 열팽창계수가 금속 중에서 가장 낮아 가스텅스텐아크용접의 전극봉으로 사용하기 적합하다.

일반적으로 교류(AC)용접에는 순 텅스텐 전극봉(녹색)과 지르코늄 텅스텐 전극봉(백색)이 사용되고 알루미늄과 마그네슘 및 그 합금을 용접할 때 사용한다. 또한 직류(DC)용접에는 토륨이 1~2[%] 함유된 토륨 텅스텐 전극봉이 쓰이며 적색으로 표시되고, 연강, 스테인리스강 등에 사용되며 아크 발생 및 아크 집중성, 안정성 등이 양호하다.

토륨은 방사능 물질의 한 종류로 사용을 중단하는 추세이며 대체용으로 란탄이 함유된 텅스텐봉을 사용하는 것을 권장하고 있다.

[표 1.2.1] 텅스텐전극봉의 종류 및 특성

타입	토륨타입	란탄		순	지르코늄
끝단 색상	토륨2%	란탄 1.5%	란탄 2%	녹색	지르코늄 0.8%
특성	전자방사능력이 높음. 오염이 적어 수명이 오래감. 저전류에서도 아크발생이 용이. 저전압에서도 사용이 가능.	인체에 무해한 재질로 토륨 대체용으로 사용. 주로 DC용접에 사용되며 AC알루미늄용접에서도 좋은 결과를 얻음.		AC용접에서 불평형 전류가 감소됨	AC 고전류에 주로 사용. 순텅스텐봉의 단점 보완.
용도	철, 스테인리스강, 동 합금, 티타늄	모든 강종		알루미늄 마그네슘	알루미늄, 마그네슘 및 자동용접용

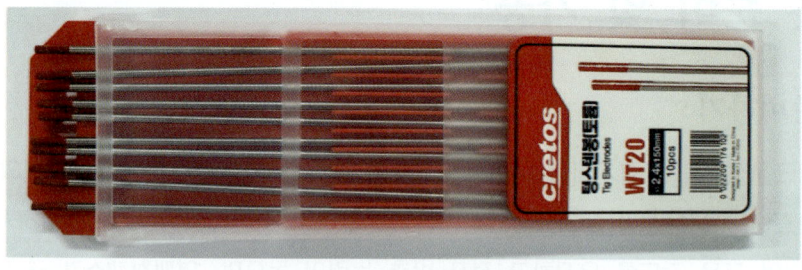

(a) 토륨 2% 텅스텐 전극봉 (직류)

(b) 순 텅스텐 전극봉 (교류)

[그림 1.2.17] 토륨 및 순 텅스텐봉

(2) 전극봉 가공하기

전극봉 지름은 ∅2.4 가장 많이 사용되고 있고 직류와 교류에 따라 전극봉 가공 방법을 달리하여야 한다. 연강 및 스테인리스강 재료들은 직류전류를 사용하며 텅스텐봉 지름에 2~3배(∅2.4전극봉의 경우 약 4.8~7.2mm) 길이로 전극봉을 가공한다. 알루미늄 및 마그네슘 합금 재료들은 일반적으로 교류전류를 사용하며 이러한 저융점 재료들은 텅스텐봉 끝단을 둥그렇게 가공하도록 한다.

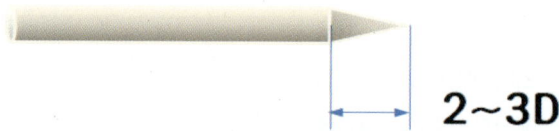

(a) 연강 및 스테인리스강의 전극봉 가공 (직류 DC)

(b) 알루미늄 및 마그네슘 합금의 전극봉 가공 (교류 AC)

[그림 1.2.18] 직류 및 교류 전류에 따른 전극봉의 가공 형상

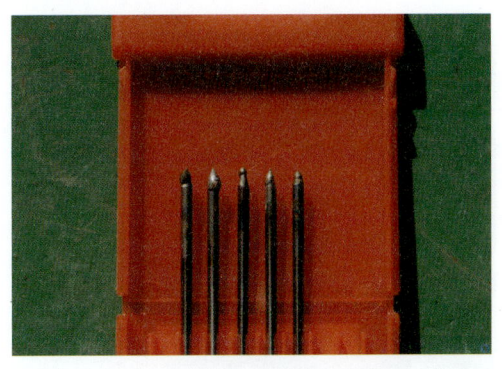 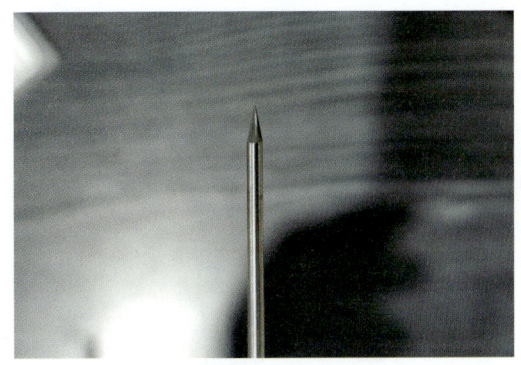

(a) 오염된 텅스텐 전극봉　　　　　　　(b) 가공된 텅스텐 전극봉

[그림 1.2.19] 텅스텐 전극봉 준비

텅스텐 전극봉이 용융지 및 용가재에 접촉되어 오염될 경우 텅스텐 전극봉을 가공하여 사용해야 한다.

텅스텐 전극봉의 가공 방법은 다음과 같다.
① 텅스텐 전극봉을 탁상그라인더의 연마석에 거친연마를 하고 다이아몬드휠에 미세연마를 진행한다.
② 텅스텐 전극봉을 가공할 때에는 가능한 탁상그라인더 또는 전용 연마기를 사용하도록 한다. 실무 현장에서는 4인치 그라인더에 연마석 또는 다이아몬드 휠을 적용하여 가공을 하고 있지만 안전상 위험하기에 지양하도록 한다.

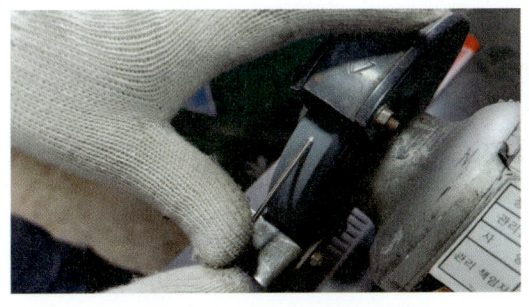 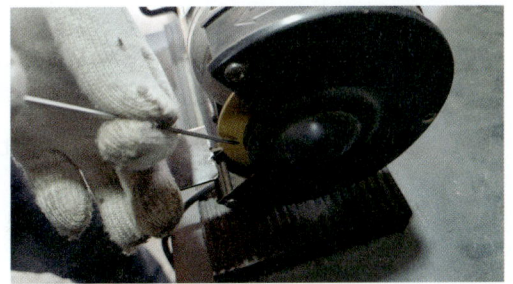

(a) 연마석을 이용한 거친 가공　　　　　(b) 다이아몬드 휠을 이용한 미세 가공

[그림 1.2.20] 탁상그라인더를 이용한 텅스텐 전극봉 가공

(a) 텅스텐전극봉 전용연마기 (b) 4인치 그라인더를 이용한 가공

[그림 1.2.21] 텅스텐전극봉 전용연마기 및 4인치 그라인더를 이용한 가공

텅스텐 전극봉의 가공 길이가 길면 아크의 범위가 좁고 가공 길이가 짧을수록 아크의 범위가 넓어진다. 저전류를 사용할 경우 텅스텐 전극봉을 길게 가공하고 고전류를 사용할 경우 전극봉을 짧게 가공하는 것이 좋다.

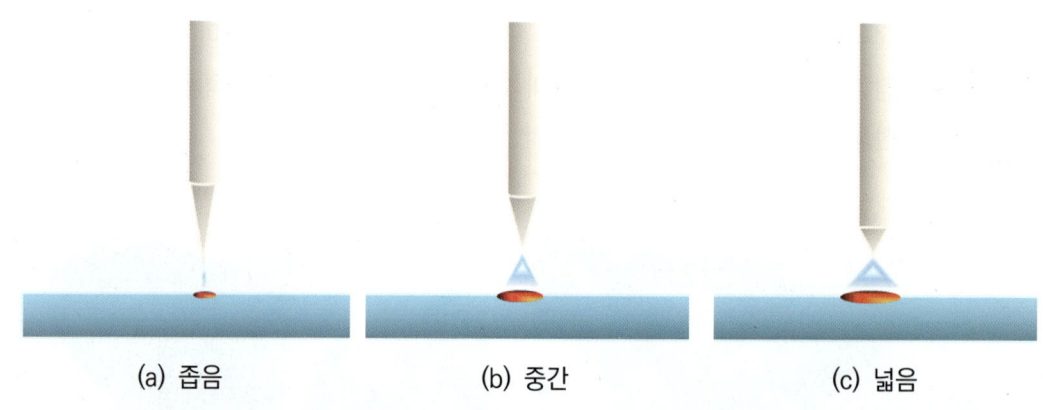

(a) 좁음 (b) 중간 (c) 넓음

[그림 1.2.22] 텅스텐 전극봉 가공 길이에 따른 아크 발생 범위

5. 보호가스의 준비

일반적으로 가스텅스텐아크용접에서 사용되는 보호가스로는 아르곤(Ar) 가스가 사용된다. 보호가스는 대기로부터 용접부와 텅스텐 전극봉을 보호하기 위하여 사용된다. 이때 가스유량은 전극봉을 보호할 수 있는 정도로 적당량 공급되어야 하며 10~15[L/min]가 적절하다. 가스 유량이 너무 높으면 보호가스의 손실이 크고 용착금속의 급랭 처리되어 용착금속 내의 가스가 외부로 탈출하지 못해 기공 등의 결함이 발생할 수 있다. 반대로 보호가스 유량이 너무 낮으면 용융지와 텅스텐 전극봉을 보호하지 못해서 용접부가 공기로부터 산화되거나 용접결함이 발생될 수 있다.

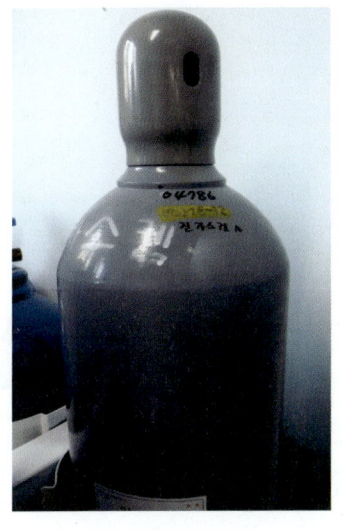
(a) 아르곤 가스

(b) 압력조정기

[그림 1.2.23] 보호가스의 준비

제 3 절 장비 설치

1. 용접 장비 설치

(1) 용접 장비의 구성 파악하기

[그림 1.3.1]은 가스텅스텐아크용접 장치의 구성도이다.

가스텅스텐아크용접은 220V 3상 전원으로부터 용접기 본체로 전력이 공급되어 본체에서 어스케이블 및 TIG토치로 나눠진다.

보호가스인 아르곤(Ar)가스는 압력조정기에서 가스유량을 조절하여 용접기 본체로 공급되고 TIG토치의 스위치 조작에 따라 세라믹노즐을 통해 모재에 공급된다.

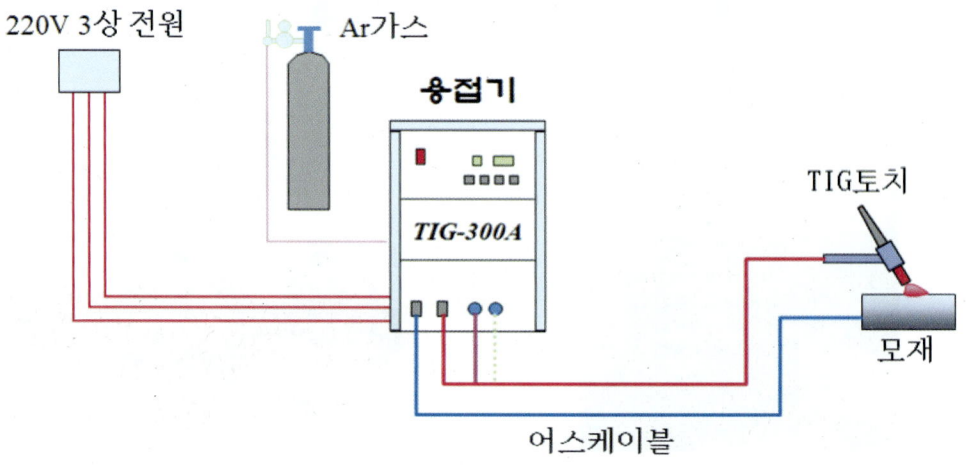

[그림 1.3.1] 가스텅스텐아크용접 장치의 구성도

(2) 용접기 설치하기

용접기 및 부속 장치 준비 후 용접기를 설치하는 방법은 다음과 같다.

1) 용도와 규격에 맞는 용접기를 준비한다.
2) 용접토치, 1차 측 및 2차 측 케이블, 접지선, 유량계 및 가스 용기, 가스 호스, 와이어, 부속품 등의 부속장치를 준비한다.
3) 설치에 필요한 공구로 조정렌치, 스패너, 드라이버, 니퍼, 전선 칼, 전류 · 전압 측정기 등을 준비한다.

4) 용접기 후면의 1차 입력 케이블 및 접지선 연결한다.
   ① 배전반과 용접기 분전함 전원 스위치를 차단하고 '수리중' 명패를 붙이고 안전감시자를 위치하거나 또는 배전반을 잠금장치를 잠근다.
   ② 용접기 용량에 적합한 1차 케이블의 한쪽에 압착 단자를 고정하고 용접기의 입력 단자에 확실히 체결한다.
   ③ 1차 케이블의 다른 한쪽을 3상 주전원 스위치에 연결한다.
   ④ 접지선의 한쪽 끝은 용접기 케이스의 접지 단자에 연결한다.
      (접지 공사가 안 된 경우 한쪽 끝을 지면에 접지시킨다.)

5) 용접기 전면의 2차 어스 케이블 및 TIG토치를 연결한다.
   ① 모재 또는 작업대에 연결되는 어스 케이블의 한쪽 끝을 압착 터미널로 고정하고 용접기 전면의 ⓓBASE(+)단자에 볼트와 너트로 확실히 체결한다.
   ② 어스 케이블의 반대쪽은 어스 클램프를 연결하여 작업대에 연결한다.
   ③ TIG토치 주전원 케이블의 한쪽 끝을 압착 터미널로 고정하고 용접기 전면의 ⓒTORCH(-)단자에 볼트와 너트로 확실히 체결한다.
   ④ TIG토치 고주파 스위치 케이블 커넥터를 ⓑTORCH S/W 단자에 연결한다.
   ⑤ TIG토치 가스 호스(적색호스)를 좌측 ⓐ가스출구 단자에 연결한다.
   ⑥ ⓒTORCH(-)단자와 ⓓBASE(+)단자의 노출부는 절연 테이프로 감아 절연시킨다.
   ⑦ 전원을 "ON" 하여 연결 상태를 점검한다.
   ⑧ ⓔ는 리모콘 사용시 연결 단자이며, ⓕ는 수냉식 토치 사용시 냉각수 출구 연결부이다.

[그림 1.3.2] (P사) 가스텅스텐아크용접기(교류겸용)의 케이블 연결부 패널

2. 용접 장비 조작

(1) 용접 장비의 기능 파악하기

본용접 작업에 앞서 용접장비의 조작 능력 숙달 여부는 아주 중요한 요소라고 할 수 있다.

가스텅스텐아크용접기의 경우 직류(DC)전용 용접기와 직류(DC)와 교류(AC) 겸용 용접기로 구분된다. 일반적으로 자격증 실기 시험 장소는 대부분 공공교육기관이나 고등학교에서 이뤄지는 경우가 많고, 이러한 교육기관들의 가스텅스텐아크용접기는 직류(DC)와 교류(AC) 겸용 용접기가 주로 설치되어 있다. 하지만 각각의 시험장소 마다 용접기 제조사가 다르며 제조사별로 용접기의 조작 기능은 약간의 차이가 있다.

각 제조사별로 조작 방법에 대해 설명하면 좋지만 본 교재에서는 (P)사의 직류전용 가스텅스텐아크용접기와 교류겸용 가스텅스텐아크용접기를 설명하고자 한다.

[그림 1.3.3]은 직류전용 가스텅스텐아크용접기의 전면패널이고 [그림 1.3.4]는 교류겸용 가스텅스텐아크용접기의 전면 패널이다.

용접기의 전면 패널에는 다양한 기능들을 조작할 수 있는 버튼 또는 다이얼 등이 있으므로 각각의 기능에 대해서 알아보도록 하자.

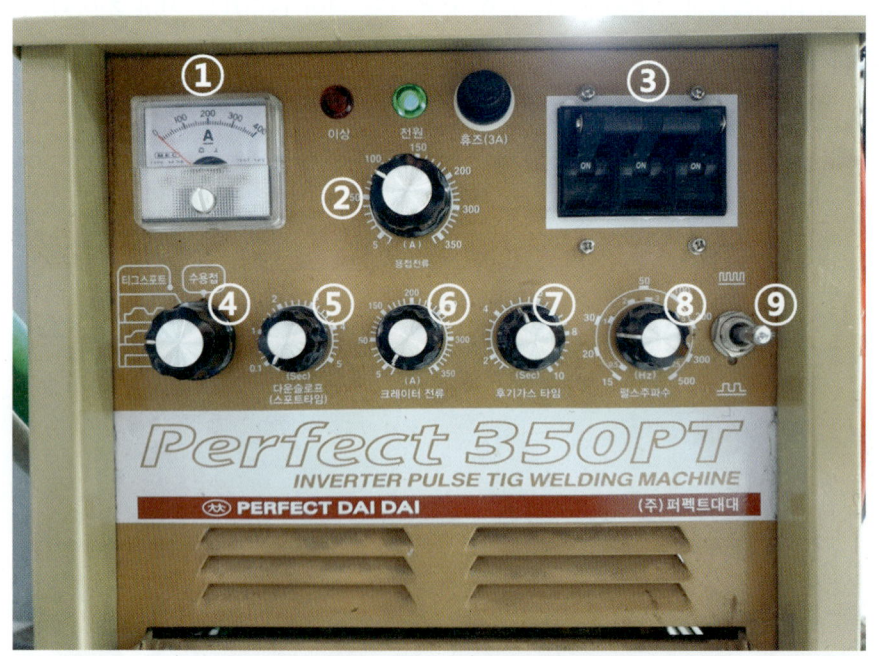

[그림 1.3.3] (P사) 가스텅스텐아크용접기(직류전용)의 전면 패널

[그림 1.3.3] P사의 직류전용 가스텅스텐아크용접기의 각종 기능에 대해 알아보도록 하자.

① 전류게이지

아크발생시 용접전류 또는 크레이터전류를 육안으로 확인하고 원하는 전류값으로 설정할 때 사용한다.

② 용접전류 다이얼

본용접 시 사용할 전류값을 조절할 때 사용한다.

③ 전원스위치

가스텅스텐아크용접기의 전원을 켜고 끌 때 사용한다.

④ 용접방식 다이얼

용접방식을 크레이터 "무", "1회", "반복" 또는 수용접(피복아크용접)으로 설정할 때 사용한다.

⑤ 다운슬로프 다이얼

용접을 종료할 때 용접전류가 서서히 낮아지도록 시간을 설정하여 기공 등의 결함이 발생되지 않게 할 때 사용한다.

⑥ 크레이터 전류 다이얼

토치의 고주파 스위치를 누르고 있을 때(크레이터)의 전류값을 조절하기 위해 사용한다.

⑦ 후기가스 타임 다이얼

가스텅스텐아크용접은 용접부에 형성되는 산화현상을 막기 위해 용접 종료시 아크가 꺼진 후에도 일정시간동안 보호가스를 공급하여 용접부를 보호하는데 이때 보호가스 공급시간을 설정하기 위해 사용한다.

⑧ 펄스주파수 다이얼

고전류와 저전류를 교차로 반복하는 펄스용접 시 펄스가 교차하는 주기를 설정할 때 사용한다.

⑨ 펄스주파수 타입 스위치

펄스타입을 "빠르게", "무", "느리게"로 설정할 때 사용한다.

※ 펄스 : 자격증 실기 시험에서는 펄스기능을 사용하지 않으므로 ⑨ 펄스주파수 타입 스위치를 가운데 "무"로 설정하고, ⑧ 펄스주파수 다이얼은 조작하지 않는다.

가스텅스텐아크용접기능사 실기

[그림 1.3.4] (P사) 가스텅스텐아크용접기(교류겸용)의 전면 패널

[그림 1.3.4] P사의 교류겸용 가스텅스텐아크용접기의 각종 기능에 대해 알아보도록 하자.

① CUREENT

아크발생시 용접전류 또는 크레이터전류를 육안으로 확인하고 원하는 전류값으로 설정할 때 사용한다.

② BASE CURRENT

본용접 시 사용할 전류값을 조절할 때 사용한다.

③ PULSE CURRENT

펄스기능 사용시 고전류가 활성화 되었을 때 사용할 전류값을 조절할 때 사용한다.

④ POWER

가스텅스텐아크용접기의 전원을 켜고 끌 때 사용한다.

⑤ PULSE 스위치

펄스타입을 "빠르게", "무", "느리게"로 설정할 때 사용한다. (무)

⑥ COOLING방식 스위치

수랭식 또는 공랭식으로 설정할 때 사용한다. (공랭식)

⑦ GAS CHECK 스위치

토치에 부착된 고주파 스위치를 누르지 않고 가스가 정상적으로 공급되는지 확인할 때 사용한다.

⑧ 용접방식 다이얼

용접방식을 크레이터 "무", "1회", "반복" 또는 수용접(피복아크용접)으로 설정할 때 사용한다.

⑨ START CURRENT

최초 고주파 스위치를 눌렀을 때 발생되는 "초기전류값"을 설정하는 데 사용한다.

⑩ CRATER CURRENT

용접중에 용접을 종료하거나 입열량을 낮추기 위해 고주파 스위치를 눌렀을 때 발생되는 "크레이터전류값"을 설정하는 데 사용한다.

크레이터 전류는 ⑧ 용접방식 다이얼을 크레이터 "1회", "반복"의 조건에서만 적용된다.

⑪ AFTER FLOW

용접을 종료한 후에 티그 토치의 세라믹 노즐에서 공급되는 "후기가스"의 시간을 설정할 때 사용한다.

용접부의 산화현상을 방지하기 위해서는 사용한 용접 전류값에 따라 후기가스를 5~10초 정도 공급해주는 것이 좋다.

⑫ UP SLOPE

용접을 시작할 때 ⑨ START CURRENT 상태에서 초기전류값으로 아크가 발생됐다가 고주파 스위치를 놓았을 때 ② BASE CURRENT 상태로 전환되면서 본용접 전류값으로 바뀌는 시간을 설정할 때 사용한다.

다이얼의 수치가 높을수록 천천히 전환되고 낮을수록 빠르게 전환된다.

⑬ DOWN SLOPE

⑫ UP SLOPE 기능과 비슷하지만, 전혀 다른 기능을 한다.

용접 중에 ② BASE CURRENT 상태에서 본용접전류값으로 아크가 발생 되고 있다가 고주파 스위치를 눌렀을 때 ⑩ CRATER CURRENT 상태로 전환되면서 크레이터전류값으로 바뀌는 시간을 설정할 때 사용한다.

이때 ⑧ 용접방식 다이얼이 크레이터 "반복" 조건일 경우에 고주파 스위치를 놓으면 ⑫ UP SLOPE 기능의 설정시간도 적용된다.

다이얼의 수치가 높을수록 천천히 전환되고 낮을수록 빠르게 전환된다.

⑭ AC/DC 전환 스위치

용접 방식을 AC(교류) 또는 DC(직류)로 전환할 때 사용한다.

가스텅스텐아크용접기능사 실기

※ 펄스 : 자격증 실기 시험에서는 펄스기능을 사용하지 않으므로 ⑤ PULSE 스위치를 가운데 "OFF"로 설정하고, 기타 나머지 다이얼은 조작하지 않는다.

※ 크레이터 : 크레이터란 '달', '위성', '행성'등의 표면에 생긴 크고 작은 구멍들을 말한다.
초기 화산활동으로 생긴 분화구이거나, 운석 충돌 등으로 생긴 깊은 웅덩이로 용접에서도 이런 크레이터가 발생된다. 높은 전류로 용접을 하다가 용접을 종료할 때 급냉이 되면 큰 용융지가 갑자기 작아지면서 용융지의 중간부분이 움푹 패이는 현상이 용접시에 발생되는 크레이터 라고 할 수 있다.
이러한 현상이 생기는 것을 방지하기 위해 크레이터 전류를 설정하여 용융지가 급냉되지 않고 서서히 냉각되도록 해주는 기능이다.
용접기의 전면 패널 왼쪽에는 크레이터 기능을 설정할 수 있는 용접방식 다이얼이 있는데, 크레이터 스위치를 '일회'나 '반복'으로 설정하였을 때에만 용접 전류와 크레이터 전류 값을 구분하여 사용할 수 있다.

- 무 : 용접방식을 크레이터 '무'로 설정하면 고주파 스위치를 누르고 있을 때 아크가 발생되고 고주파 스위치를 놓으면 아크가 정지 된다. 아크 발생시 전류는 크레이터 전류를 거치지 않고 바로 용접전류 다이얼로 설정한 전류값으로 아크가 발생 되며 주로 얇은 박판등을 점용점 할 때 사용하는 기능이다.
- 일회 : 고주파 스위치를 누르면 아크가 발생되는데 이때 발생된 아크의 전류는 크레이터 전류값으로 설정되고 고주파 스위치를 놓으면 용접전류로 전환된다.
용접의 종점부에서 종료하기전에 다시 고주파 스위치를 누르면 크레이터 전류값으로 전환되고 고주파 스위치를 놓으면 아크가 꺼지며 용접이 종료된다.
- 반복 : 크레이터 '일회'와 비슷하나 약간의 차이점이 있다.
처음 고주파 스위치를 누르면 아크가 발생되며 크레이터 전류 상태이고 고주파 스위치를 놓으면 용접전류로 전환 된다. 여기서 다시 고주파 스위치를 누르면 크레이터 전류로 전환되었다가 스위치를 놓으면 다시 용접전류로 전환된다.
용접전류를 높게 설정하여 용접할 때 한번씩 크레이터 전류로 전환하여 모재를 냉각시켜 입열량을 낮추고 용융지의 크기를 최소화하여 용락이 발생하는 것을 방지하고자 할 때 사용한다.
용접을 종료하고자 할 때에는 고주파 스위치를 누른 상태로 크레이터 전류로 전환하여 용융지를 최소화하고 보호가스를 공급하여 산화현상으로부터 모재를 충분히 보호해준 다음 순간적으로 빠르게 토치를 모재로부터 이격하여 강제적으로 아크를 정지시켜 용접을 종료한다. 아크가 꺼진 이후에도 일정시간 공급되는 후기가스로 용접부를 보호해주는 것이 좋다.

3. 용접 토치의 구성 및 조립

(1) 용접 토치의 구성품 파악하기

가스텅스텐아크용접 토치의 구성품은 토치 바디, 세라믹 노즐, 콜릿 척, 콜릿 바디, 캡, 보호가스 호스, 전원케이블, 토치 스위치가 공랭식에 해당되며 수냉식인 경우에는 냉각수 순환 호스가 별도로 있다. 용접에서 토치는 가장 중요한 부분이며 쉽게 부속품은 소모되기 때문에 토치를 구성하고 있는 부품의 종류와 조립에 대해 알아보도록 하자.

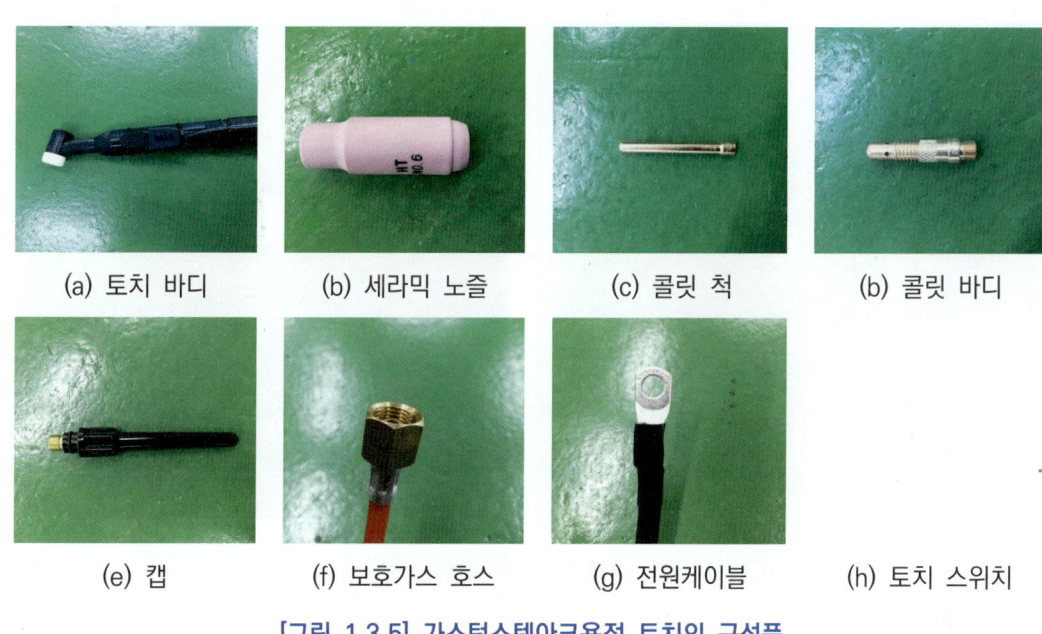

[그림 1.3.5] 가스텅스텐아크용접 토치의 구성품

또한 콜릿바디 및 콜릿척과 캡은 사용 환경에 따라 여러 가지 형태가 있다.

[그림 1.3.6] 가스텅스텐아크용접 토치의 조립

(2) 용접 토치 조립하기

가스텅스텐아크용접 토치의 구성품 파악 후 용접 토치를 조립한다. 용접 토치의 조립에는 특별히 필요한 치공구는 없다.

① 토치바디에 보호가스 호스와 전원케이블을 연결한다. 장시간 용접하는 경우 고열에 의해 보호가스 호스 연결부가 토치바디에서 빠질 수 있다.
② 토치 바디에 콜릿 바디를 연결한 후 콜릿 척을 삽입 한다.
③ 세라믹 노즐을 콜릿 바디와 연결하고 텅스텐 전극봉을 삽인한 후 캡을 연결한다.

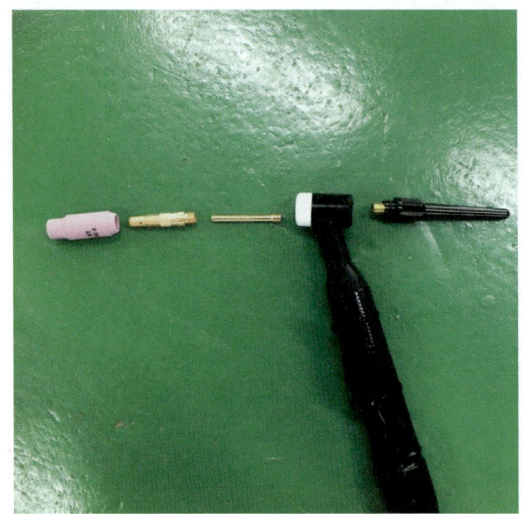
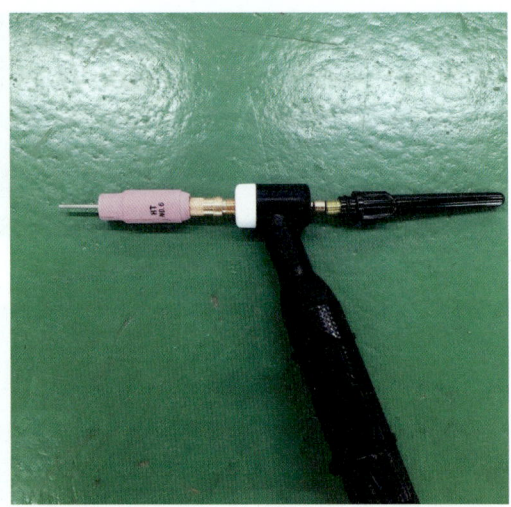

[그림 1.3.7] 가스텅스텐아크용접 토치의 조립

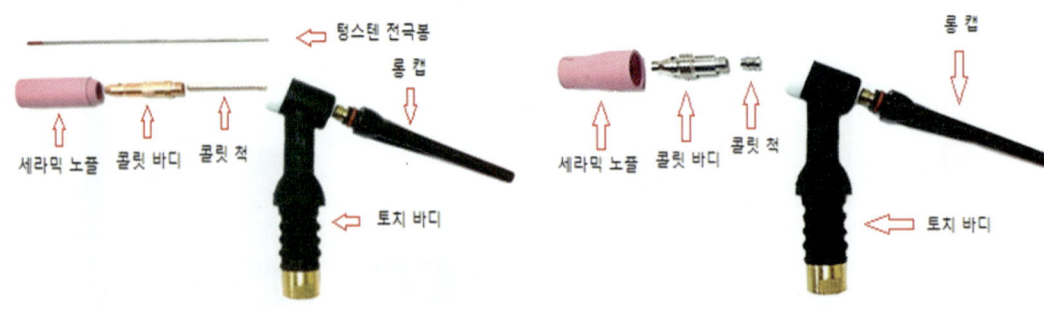

[그림 1.3.8] 가스텅스텐아크용접 토치의 조립

4. 용접 장비의 시운전

(1) 용접 장비 시운전하기

아크를 발생시키는 방법은 다음과 같다.
① 용접기 전면 패널의 각 볼륨의 위치를 확인하여 필요한 상태가 선택되었는지 확인하고 조절한다.
② 연강판 또는 스테인리스강판을 용접 작업대 지그에 고정한다.
③ 전극봉의 돌출길이를 약 4~5mm 정도로 하고, 베이스 전류는 연강판인 경우 100~120A로 스테인리스강판인 경우 60~80A로 조절한다.
④ 토치의 각도는 작업각 90°, 진행각 30°로 하고, 용가재의 각도는 15° 정도로 한다.
⑤ 아크 발생위치를 정하고 헬멧을 쓴 후, 토치 스위치를 눌러 아크를 발생시키고 토치 각도를 45°로 세운다. 이때 전극봉과 모재간의 거리는 1.5~2mm 정도로 유지한다.
⑥ 토치의 고주파 스위치를 눌러 아크를 발생시켜 본다.
⑦ 작업이 종료되면 전원 스위치를 OFF하고, 가스 용기밸브와 유량계를 잠그고, 사용한 공구를 정리 정돈 및 청소한다.

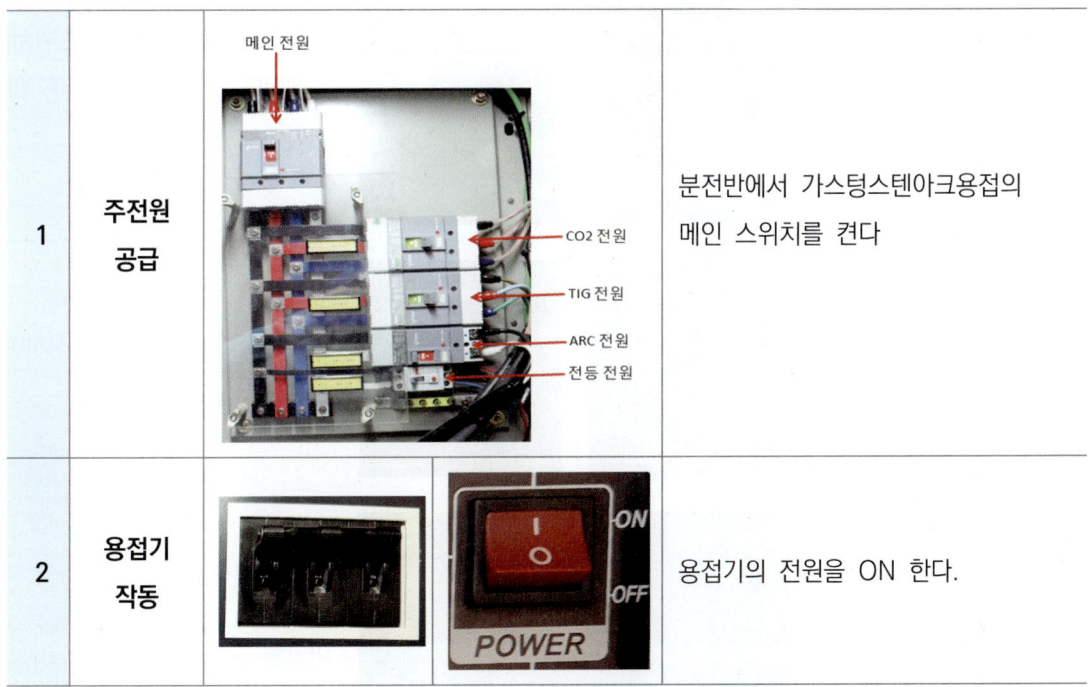

1	주전원 공급		분전반에서 가스텅스텐아크용접의 메인 스위치를 켠다
2	용접기 작동		용접기의 전원을 ON 한다.

가스텅스텐아크용접기능사 실기

3	용접 방식 설정			용접 방식은 DC 또는 직류 TIG로 설정한다.
4	보호 가스 공급			가스를 ℓ/min를 사용할 것인지 유량을 조절하는 밸브이다. 10~15ℓ 눈금 사이에 지시 볼을 맞추면 된다.
5	가스 공급 확인			토치에서 가스가 나오는지 확인하기 위하여 가스체크를 설정한다. 가스공급 확인 후 OFF 또는 용접으로 설정한다.
6	크레이터 설정			용접 방법 선택 셀렉터 스위치를 크레이터 무, 일회, 반복 중 하나를 선택해서 사용한다.
7	용접 전류값 설정			용접 전류의 다이얼을 조작하여 전류값을 설정한다.
8	아크 발생 확인			아크를 발생시켜 본다

(2) 용접 장비 점검하기

가스텅스텐아크용접기가 정상 작동을 하지 않는 경우의 점검 및 정비 방법을 알아보자.
용접기가 정상 작동을 하지 않는 경우의 점검 방법은 다음과 같다

① 고장원인을 파악하기 전에 접속 케이블의 위치를 확인하여 접속 여부를 파악해야 한다.
② 용접기의 전원을 끄고 약 5분 정도 기다린 후 용접기를 점검한다.
③ 용접기의 내부는 주기적으로 압축공기를 이용하여 먼지를 제거한다.

- 용접 전류나 아크 전압이 조정이 되지 않는 경우의 고장 원인과 정비 방법은 다음과 같다.

고장 원인	정비 방법
용접 전류 조정 VR(노브)이 불량	용접 전류 노브를 교체
PCB의 접촉 불량	PCB를 교환 (제조사 의뢰)
전원 케이블의 단선	전원 케이블을 점검

- 아크발생이 되지 않는 경우의 고장 원인과 정비 방법은 다음과 같다.

고장 원인	정비 방법
용접기에 전기가 공급이 안되는 경우	용접기의 전원스위치 on
퓨즈(fuse)의 단락	퓨즈(fuse)를 교환
1차 또는 2차측 케이블의 불량 또는 단선	어스선을 모재에 접속 또는 케이블이 단선된 경우 교환
고주파가 발생되지 않는 경우	고주파 발생장치 교체 (제조사 의뢰)
전면 판넬에 이상 경고등이 점등	용접기의 이상 유무 확인 (제조사 의뢰)
제어 케이블의 단선	케이블을 점검하고 이상 발생 시 교환
PCB의 접촉이 불량	PCB를 교체 (제조사 의뢰)

가스텅스텐아크용접기능사 실기

■ 보호가스가 누출되는 경우의 원인과 정비 방법은 다음과 같다.

고장원인	정비 방법
가스 체크 스위치가 켜진 경우	가스 체크 스위치를 끔
가스 제어 전자밸브에 이상이 있을 경우	가스 제어 전자밸브를 교체
PCB기판에 이상이 있을 경우	용접기 전원 또는 PCB를 교체

■ 보호가스가 정상적으로 공급되지 않는 경우의 원인과 정비 방법은 다음과 같다.

고장원인	정비 방법
가스 용기에 가스가 없거나, 밸브가 닫힘	가스 용기 교환 또는 밸브를 오픈
퓨즈가 단락 또는 스위치가 off	전원을 점검하고 퓨즈 단락 시 교체
가스 제어 전자밸브가 작동하지 않음	가스 제어 전자밸브를 점검 및 교환
가스호스에서의 누설 또는 막힘	가스 호스를 점검 및 교환
유량계의 작동 불량	유량계 수리 또는 교환
PCB의 접촉 불량	PCB를 점검 및 교체
보호 가스의 압력이 부적당	유량계의 압력 조절

제2장
연강 맞대기용접

제1절   비드쌓기
제2절   가용접
제3절   맞대기용접

제 1 절 비드쌓기

1. 모재 준비

가스텅스텐아크용접 비드쌓기는 기본으로 맞대기용접 전 토치의 위빙, 전류 값, 텅스텐 전극봉의 가공 상태 등 기본적인 사항을 실습하는 데 있어 매우 중요한 요소이다.

(1) 모재 가공 및 금긋기

① 연강판 표면의 피막을 그라인더를 이용하여 깨끗이 제거한다. 시험에서 지급되는 연강판(SS275) 표면의 피막을 사전에 제거하지 않으면 피막이 용융지에 혼재되어 명확하게 보이지 않게 된다. 또한, 원활한 용접 진행이 어려워 깨끗한 비드를 쌓을 수가 없으며 표면기공 및 용접부 산화 등의 원인이 되고 텅스텐 전극봉이 쉽게 오염될 수 있다.

② 비드쌓기 연습용 모재로는 t9 × 150W × 150L 연강판을 준비한다. 용접 초보자의 경우 t9 미만의 연강판을 사용할 경우 용접 전류 대비 위빙 진행 속도가 적절하지 않아 너무 많은 열이 입열되어 쉽게 변형될 수 있다.

[그림 2.1.1] 연강판 표면 산화피막 제거

③ 표면 피막을 완전히 제거한 후에 강철자와 펜을 이용하여 약 8~12mm 간격으로 선을 긋는다.

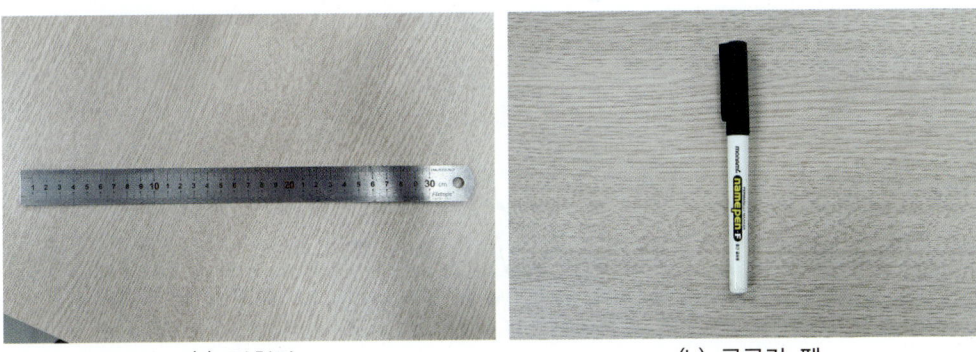

(a) 강철자   (b) 금긋기 펜

[그림 2.1.2] 강철자 및 금긋기 펜

[그림 2.1.3] 8~12mm 간격으로 선긋기

2. 아래보기 자세 비드쌓기

(1) 위빙 연습 하기

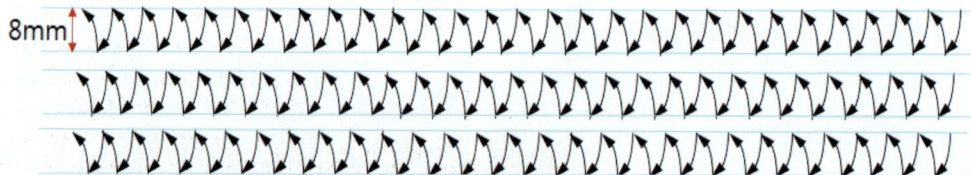

(a) 좁은 비드 연습

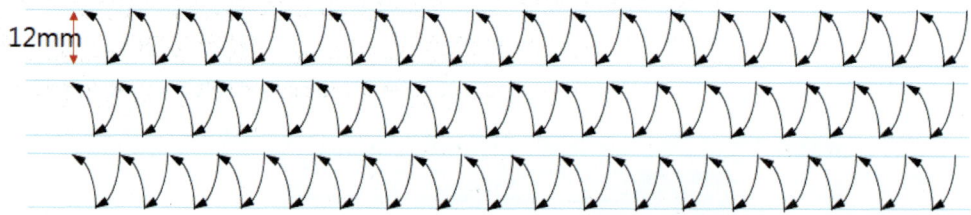

(b) 넓은 비드 연습

[그림 2.1.4] 비드폭에 따른 위빙 연습

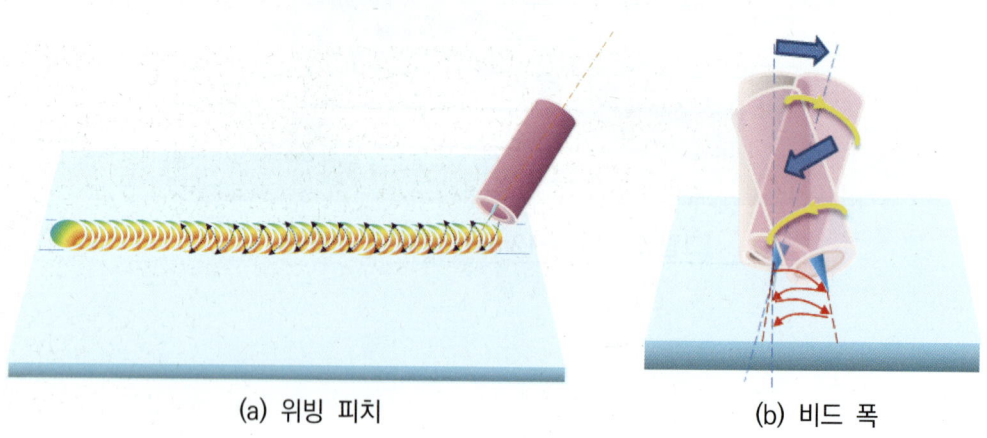

(a) 위빙 피치   (b) 비드 폭

[그림 2.1.5] 위빙피치 및 비드 폭

① 가스텅스텐아크용접의 비드쌓기는 맞대기용접 전 토치의 위빙, 전류 값, 텅스텐 전극봉의 가공 상태 등 기본적인 사항을 실습하는 데 매우 중요한 사전 실습 요소이다.

② 8자 위빙비드는 가스텅스텐아크용접에서 가장 많이 쓰는 위빙 방법으로 8자 형태로 위빙을 하며 용접을 진행하는 방법이다. 대부분 초보자들은 8자 위빙 비드쌓기를 연습할 때 일정한 비드피치(Bead Pitch)를 유지하며 앞으로 진행하지 못하거나 비드 폭(Bead Width)을 유지하며 위빙을 하지 못하는 경우가 많다. 전류 대비 위빙 진행속도가 일정하지 않으면 표면비드가 산화되어 미려한 비드를 얻을 수가 없다. 이러한 문제점들을 하나씩 해결하기 위해 비드쌓기 연습을 자세별로 꾸준히 실습하도록 한다.

(2) 용접 조건 설정하기

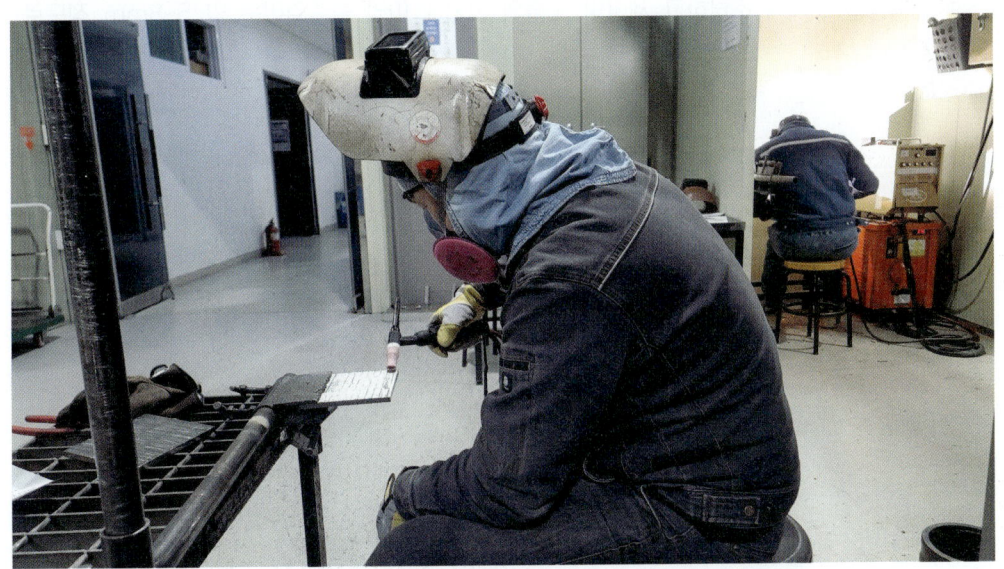

[그림 2.1.6] 아래보기 자세 비드쌓기 자세

① 준비된 연강판을 지그에 아래보기 자세로 고정하고 토치 위빙 시 불편함이 없는지 확인하여 지그의 높낮이와 의자 위치를 조절한다.

가스텅스텐아크용접기능사 실기

[그림 2.1.7] 텅스텐전극봉 적정 돌출길이

② 텅스텐 전극봉을 토치에 조립하고 세라믹 노즐의 크기에 따라 돌출길이는 약 5~8mm 정도로 조절한다.

[그림 2.1.8] 텅스텐전극봉과 모재표면의 간격

③ 토치를 약 45° 정도 기울여 모재 표면에 올려놨을 때 텅스텐전극봉과 모재표면은 약 2mm 정도 띄워진 상태로 텅스텐전극봉 돌출길이를 조절한다.

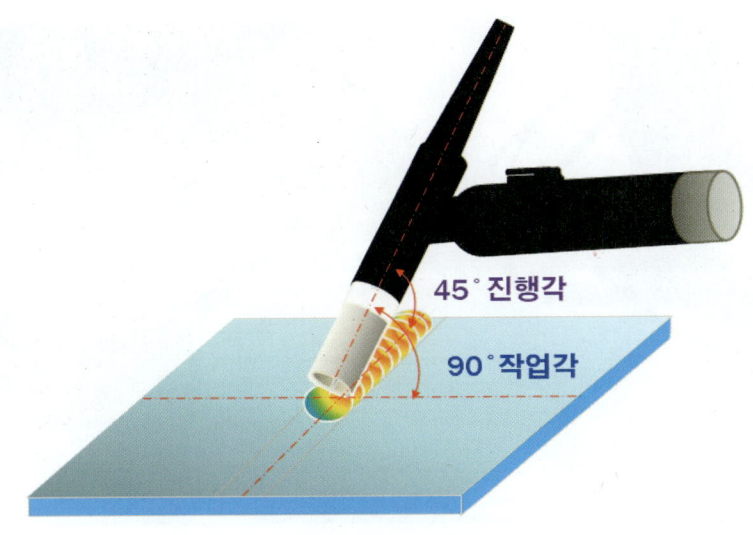

[그림 2.1.9] 아래보기자세 진행각 및 작업각

④ 토치의 용접 진행각은 약 45도이며 작업각은 최대한 90도를 유지한다.

[그림 2.1.10] 아래보기자세 용가재 송급 각도에 따른 용융량

⑤ 용가재는 모재 표면에서 약 15° 정도 기울여 송급 하는 것이 좋다. 용가재의 송급각도가 클수록 용융되는 금속량은 많아진다.

[그림 2.1.11] 아래보기자세 토치 및 용접와이어 송급 자세

⑥ 용가재 송급 시 검지와 중지 사이에 받치는 형태로 고정하고 엄지와 검지 사이에 용가재를 비비듯이 일정량 밀어서 송급한다.

(3) 비드쌓기

[그림 2.1.12] 용접전류 측정

[그림 2.1.13] 아래보기자세 비드쌓기 용접

① 용접전류는 약 100~120A로 설정한다. 용접전류는 토치의 아크를 발생시킨 상태에서 용접기 본체에 있는 게이지의 눈금을 읽고 전류를 조정한다. 연습모재 시점부에서 아크를 발생시켜 용융지를 형성하고 용가재를 송급한다.
② 토치 위빙 시 텅스텐 전극봉과 모재의 간격은 약 2~3mm로 유지한다.
③ 크레이터는 '1회 반복'으로 설정한다. 크레이터 '1회 반복'은 토치 스위치를 누르고 떼면 자동으로 아크가 발생되므로 용접선이 긴 경우 편리하다.
④ 크레이터 전류는 용접전류의 약 50~70% 정도 설정한다. 용접전류가 100A라면 크레이터 전류는 50~70A 정도로 설정한다.
⑤ 용접 시점부에서 아크를 발생시켜 용융지를 형성한다.
⑥ 용가재를 용융지 끝에 공급하고 토치를 위빙하며 용접을 진행한다. 토치 위빙 시 용융지 좌·우 끝에서 잠깐씩 머물러 주며 진행한다.

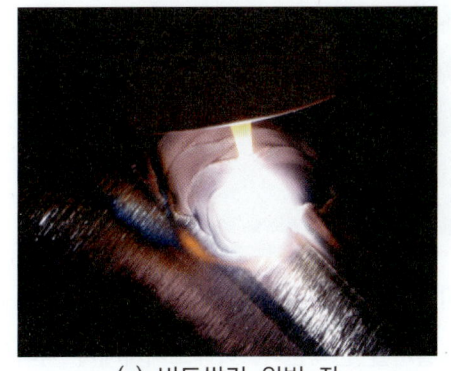
(a) 비드쌓기 위빙_좌

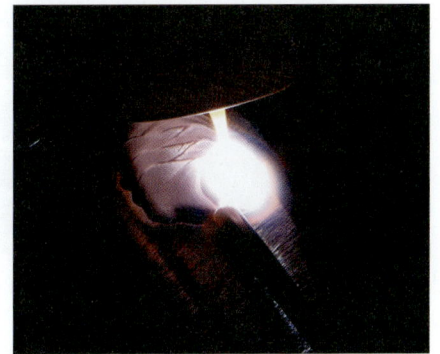
(b) 비드쌓기 위빙_우

[그림 2.1.14] 비드쌓기 위빙 좌·우

[그림 2.1.15] 용접 종점 부 후기가스 처리

⑦ 용접부가 끝나는 종점에서 토치 스위치를 off 한 후 후기가스 분출이 끝날 때까지 용접부에서 토치를 떼지 않는다. 후기가스 냉각이 안 될 경우 산화 및 크레이터 결함의 원인이 될 수 있다.

[그림 2.1.16] 위빙피치 및 비드 폭

⑧ 일정한 비드피치와 폭이 완성될 때까지 계속 비드쌓기를 반복한다. 아래보기자세가 익숙해지면 다른 자세를 연습하도록 한다.

3. 수직 자세 비드쌓기

(1) 용접 조건 설정하기

[그림 2.1.17] 수직 자세 비드쌓기 자세

① 준비된 연강판을 지그에 수직자세로 고정하고 토치 위빙 시 불편함이 없는지 확인하여 지그의 높낮이를 조절한다. 왼손의 위치는 지그 상단부에 기대어 안정적인 용가재 송급을 할 수 있도록 한다.

[그림 2.1.18] 텅스텐전극봉 적정 돌출길이

② 텅스텐 전극봉을 토치에 조립하고 돌출길이는 약 5~8mm 정도로 조절한다.

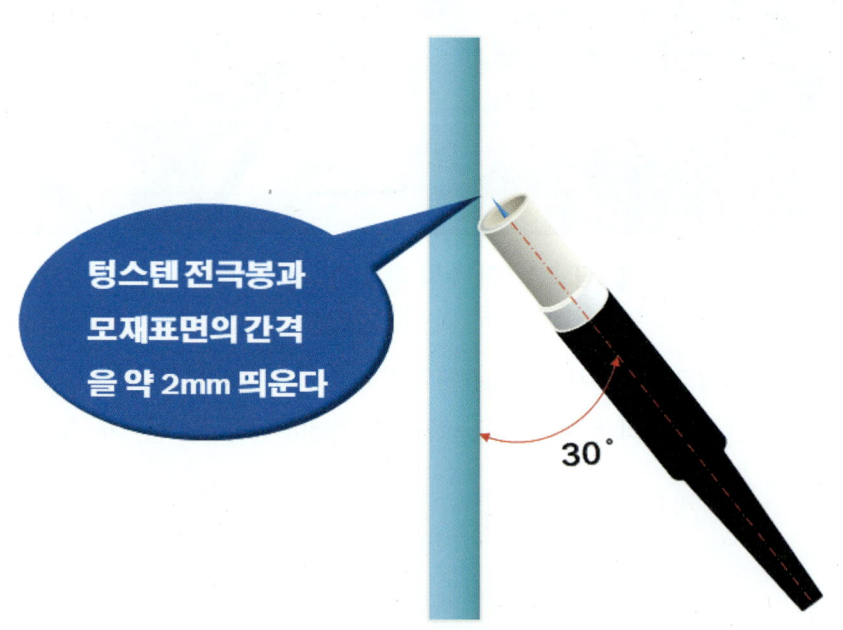

[그림 2.1.19] 텅스텐전극봉과 모재표면의 간격

③ 토치를 약 30° 정도 기울여 모재 표면에 올려놨을 때 텅스텐전극봉과 모재표면은 약 2mm 정도 띄어진 상태로 텅스텐전극봉 돌출길이를 조절한다.

[그림 2.1.20] 수직자세 진행각 및 작업각

④ 토치의 용접 진행각은 약 30°이며 작업각은 최대한 90°를 유지한다.

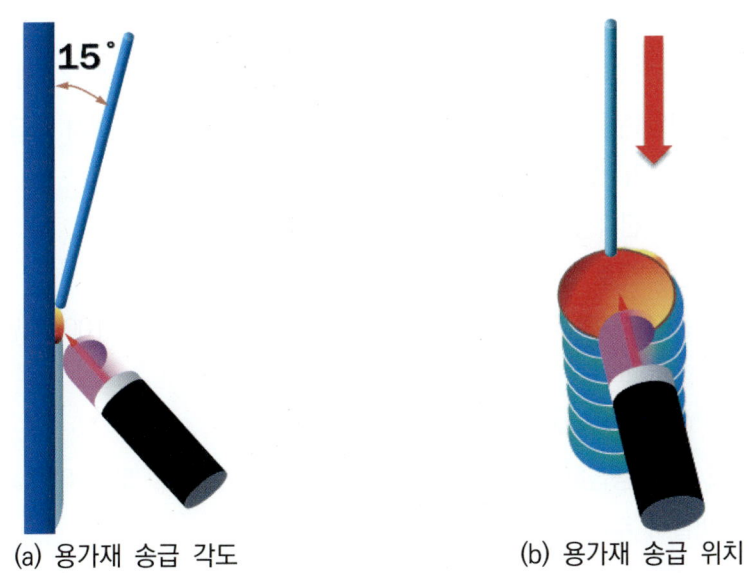

(a) 용가재 송급 각도   (b) 용가재 송급 위치

[그림 2.1.21] 수직자세 용가재 송급 각도 및 송급 위치

⑤ 용가재는 모재 표면에서 약 15° 정도로 송급 하는 것이 좋다. 용가재의 송급각도가 클수록 용융되는 금속량은 많아진다.

(2) 비드쌓기

[그림 2.1.22] 용접 종점 부 후기가스 처리

① 용접전류는 약 100~120A로 설정한다. 용접전류는 토치의 아크를 발생시킨 상태에서 용접기 본체에 있는 게이지의 눈금을 읽고 전류를 조정한다. 연습모재 시점부에서 아크를 발생시켜 용융지를 형성하고 용가재를 송급한다.
② 토치 위빙 시 텅스텐 전극봉과 모재의 간격은 약 2~3mm로 유지한다.
③ 크레이터는 '1회 반복'으로 설정한다
④ 크레이터 전류는 용접전류의 약 50~70% 정도 설정한다. 용접전류가 100A라면 크레이터 전류는 50~70A 정도로 설정한다.
⑤ 용접 시점부에서 아크를 발생시켜 용융지를 형성한다.
⑥ 용가재를 용융지 끝에 공급하고 토치를 위빙하며 용접을 진행한다. 토치 위빙 시 용융지 좌·우 끝에서 잠깐씩 머물러 주며 진행한다.

[그림 2.1.23] 용접 종점부 후기가스 처리

⑦ 용접부가 끝나는 종점에서 토치 스위치를 off 한 후 후기가스 분출이 끝날 때까지 용접부에서 토치를 떼지 않는다. 후기가스 냉각이 안 될 경우 산화 및 크레이터 결함의 원인이 될 수 있다.

[그림 2.1.24] 위빙피치 및 비드 폭

⑧ 일정한 비드피치와 폭이 완성될 때까지 비드쌓기를 계속 반복한다.

가스텅스텐아크용접기능사 실기

4. 수평 자세 비드쌓기

(1) 용접 조건 설정하기

[그림 2.1.25] 수평 자세 비드쌓기 자세

① 준비된 연강판을 지그에 수평자세로 고정하고 토치 위빙 시 불편함이 없는지 확인하여 지그의 높낮이를 조절한다.

[그림 2.1.26] 텅스텐전극봉 적정 돌출길이

② 텅스텐 전극봉을 토치에 조립하고 돌출길이는 약 5~8mm정도로 조절한다.
③ 토치를 약 45° 정도 기울여 모재 표면에 올려놨을 때 텅스텐전극봉과 모재표면은 약 2mm 정도 띄어진 상태로 텅스텐 전극봉 돌출 길이를 조절한다.

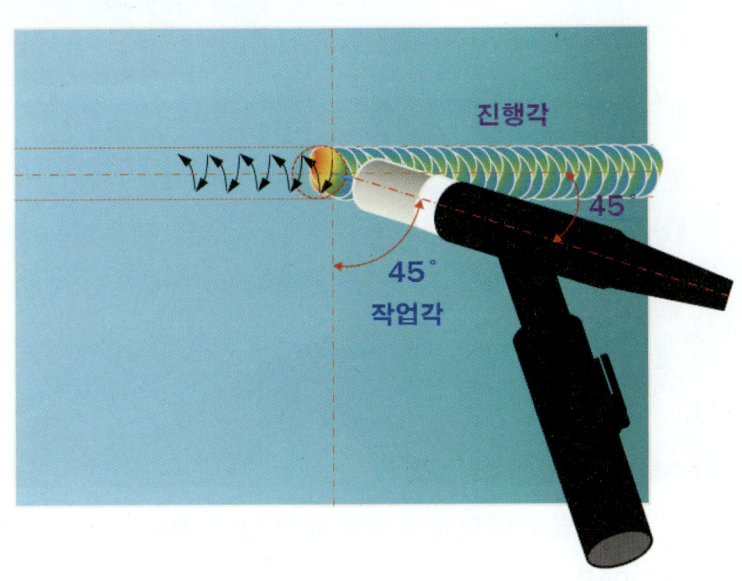

[그림 2.1.27] 수평자세 진행각 및 작업각

④ 토치의 용접 진행각은 약 45°이며 작업각은 최대한 90°를 유지한다.

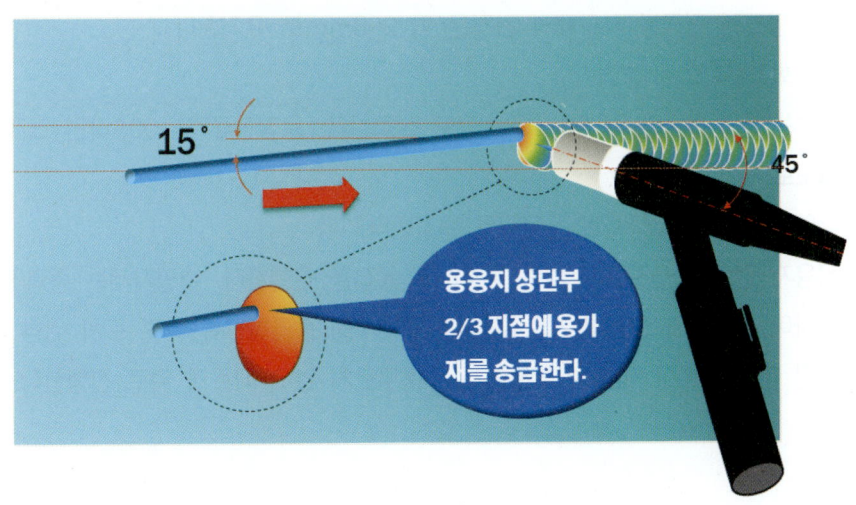

[그림 2.1.28] 수직자세 용가재 송급 각도 및 송급 위치

⑤ 용가재는 모재 표면에서 약 15° 정도 기울여 송급하는 것이 좋다. 용가재의 송급각도가 클수록 용융되는 금속량은 많아진다.

(2) 비드쌓기

[그림 2.1.29] 용접 종점 부 후기가스 처리

① 용접전류는 약 100~120A로 설정한다. 용접전류는 토치의 아크를 발생시킨 상태에서 용접기 본체에 있는 게이지의 눈금을 읽고 전류를 조정한다. 연습모재 시점부에서 아크를 발생시켜 용융지를 형성하고 용가재를 송급한다.
② 토치 위빙 시 텅스텐 전극봉과 모재의 간격은 약 2~3mm로 유지한다.
③ 크레이터는 '1회 반복'으로 설정한다
④ 크레이터 전류는 용접전류의 약 50~70% 정도 설정한다. 용접전류가 100A라면 크레이터 전류는 50~70A 정도로 설정한다.
⑤ 용접 시점부에서 아크를 발생시켜 용융지를 형성한다.
⑥ 용가재를 용융지 끝에 공급하고 토치를 위빙하며 용접을 진행한다. 수평자세는 중력에 따른 용융지 처짐을 감안하여 용융지의 상단부(2/3 지점)에 용가재를 송급하도록 하며 토치 위빙 시 비드 위쪽 부분에서 잠깐 머물러 주고 아래쪽 부분에서는 머무르지 않고 빠르게 위로 진행한다.

[그림 2.1.30] 용접 종점부 후기가스 처리

⑦ 용접부가 끝나는 종점에서 토치 스위치를 off 한 후 후기가스 분출이 끝날 때까지 용접부에서 토치를 떼지 않는다. 후기가스 냉각이 안 될 경우 산화 및 크레이터 결함의 원인이 될 수 있다.

[그림 2.1.31] 위빙피치 및 비드 폭

⑧ 일정한 비드피치와 폭이 완성될 때까지 계속 비드쌓기를 실시한다. 수직 자세가 익숙해지면 다음 수평자세 비드쌓기를 연습하도록 한다.

제 2 절 가용접

1. 가용접 준비

(1) 도면 파악하기

가스텅스텐아크 용접기능사 자격증 시험에서 연강 맞대기용접은 자세별로 아래보기(F), 수평(H), 수직(V) 3가지 자세 중 한 자세가 출제된다. 시험 모재의 크기는 t6 × 100W(폭) × 150L(용접선 길이) 이다. 도면에서 요구하는 시험 자세를 파악하여 올바른 자세로 용접을 진행한다. 가용접 방법은 시험 자세와 상관없이 아래보기 자세로 실시하면 된다.

가) 연강 맞대기 용접

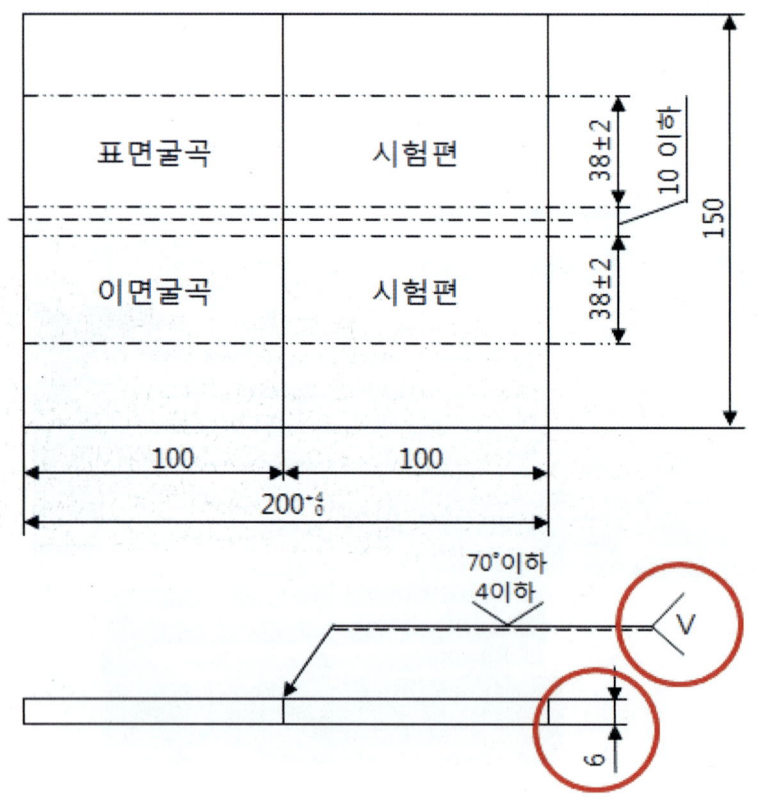

[그림 2.2.1] 연강 맞대기 용접 시험 과제(t6)

■ 연강 V형 맞대기 시험편 규격(연강판 SS275)
① t6 x 100W × 150L 2매

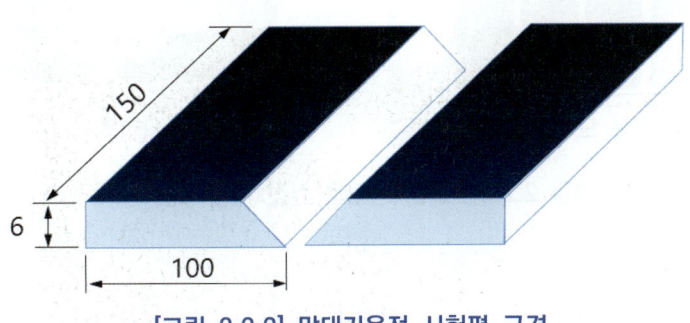

[그림 2.2.2] 맞대기용접 시험편 규격

(2) 모재 준비하기

모재의 가공은 유압전단기 또는 레이저 절단법 등을 이용하여 절단을 진행한 후 밀링가공, 가스절단 또는 그라인더 가공을 통해 30~35° 개선가공을 하게 된다. 본 교재에서는 모재 가공에 들어가는 시간을 줄이고자 [그림 2.2.4]와 같이 시중에서 판매하는 용접 연습모재를 준비하여 실습을 진행하였다. 연습모재로 충분한 기량을 만든 후에 실제 시험장에서 지급되어지는 동일한 규격의 시험편으로도 연습을 하고 국가자격 시험에 응시 하는 것을 추천한다.

○ 홈각도 : 60~70°(70°)
○ 루트면 : 0 mm
○ 루트간격 : 2.8~3.2

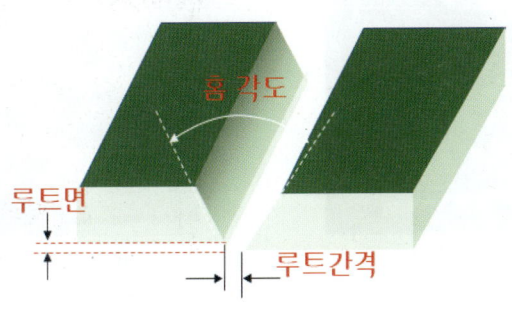

[그림 2.2.3] 연강 맞대기용접 시험편 홈의 치수

(a) t6 연습용 모재(압연시편)

(b) t6 시험용 모재(SS275)

[그림 2.2.4] 맞대기용접용 실전 시험 지급 모재

(3) 모재 가공하기

① 모재에서 용접선(150L)을 중심으로 표면과 이면에 각각 5mm 이상 산화피막을 깨끗이 제거한 다음 개선면의 루트면을 0mm로 칼개선 가공한다. 연습시간을 최대한 효율적으로 사용하기 위해 전기 그라인더를 사용하여 가공한다.

② 용접게이지를 이용하여 개선 각도를 측정한다. 개선각도는 30~35° 범위 내로 한다.

(a) 용접 표면부 피막제거

(b) 용접 이면부 피막제거

(a) 개선면 산화피막 제거

(b) 개선 각도 측정(30~35°)

[그림 2.2.5] 용접부 피막제거 및 개선각 가공

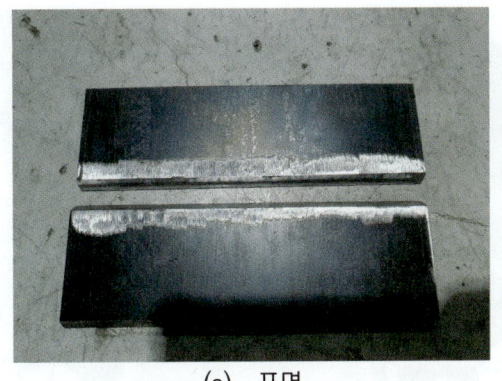 

(a) 표면　　　　　　　　　　　(b) 이면

[그림 2.2.6] 표면 피막제거 상태

2. 가용접

(1) 가용접하기

① 표면과 이면의 용접 진행부에 피막을 제거하고 개선면(30~35°)과 루트면(0mm)을 가공한 t6 모재를 준비한다.
② 용접전류를 약 100A로 설정한다. 가용접 전류가 너무 높을 경우 용락이 발생할 수 있으므로 주의한다.
③ 정확한 가용접을 위해서 자석을 준비한다.
④ 시점과 종점부에 아래 그림과 같이 피복아크용접봉의 심선(∅3.2) 또는 가스텅스텐아크용접봉(∅3.2)을 이용하여 루트면 사이에 꽉 끼도록 자석을 활용하여 고정한다.
⑤ 자석은 계속 ON 상태를 유지하고 용접봉이 고정된 상태를 유지한다.

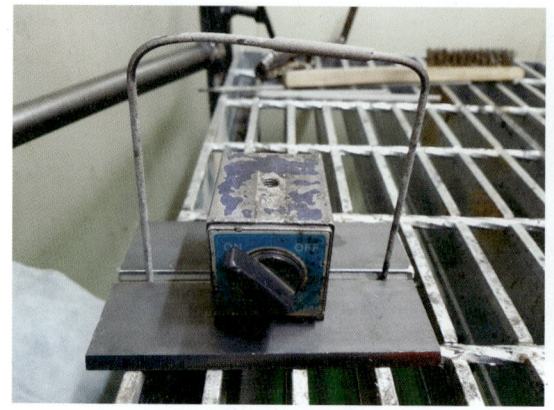

(a) 피복아크용접봉 심선

(b) 가스텅스텐아크용접봉

[그림 2.2.7] 루트간격 조정

(a) 아크발생

(b) 전류 100A 설정

[그림 2.2.8] 가용접 전류 설정

⑥ 가용접의 길이는 10mm 이내로 한다. 가용접의 표면 비드 두께는 모재의 표면보다 낮게 하고 이면비드는 모재 두께의 50%(3mm) 이상 처짐이 발생할 경우 용락으로 인해 오작이 될 수 있다.

⑦ 가용접 후 상태가 불량해도 가용접부를 제거할 수 없으며 가용접이 끝나면 본용접을 해야하므로 가용접이 본용접의 상태를 결정하는데 중요한 요소가 된다.

⑧ 현장에서는 엔드탭을 사용하여 시작부와 종점부의 가용접부를 제거하지만 자격시험에서는 한번 가용접을 하면 제거할 수 없다. 주의하여 신중하게 용접을 진행하도록 한다.

(a) 첫 번째 가용접

(b) 두 번째 가용접

[그림 2.2.9] 가용접 진행

(a) 표면

(b) 이면

[그림 2.2.10] 가용접 완료

제 3 절 맞대기용접

1 자세별 맞대기용접

(1) 아래보기 자세 용접하기

① 가스텅스텐아크용접 V형 맞대기이음 아래보기 자세에서 일반적으로 t6의 경우 ∅2.4, 1,000mm 용접봉을 약 3~4개 정도 사용하여 4층(pass)으로 진행한다. 토치의 진행속도에 맞춰 [그림 2.3.1]과 같이 진행하도록 한다. 2024년 새롭게 변경된 규정에서 사용 가능한 세라믹 노즐은 일반(구형) 6호 또는 8호이다. 빠른 용접 진행을 위해서는 8호를 사용하도록 한다. 기능장 및 산업기사는 6호를 사용해야 한다.

② 1층 용접에서의 주의사항은 텅스텐봉과 용접봉을 루트면 부위에서 진행하여 이면비드가 약 0.5~1mm 정도 형성되도록 진행한다. 연강 맞대기용접은 루트간격이 적절하게 가용접 되었다면 용접봉을 계속 공급는 형태로 진행을 하여도 된다. 하지만 가용접을 잘못하여 루트간격이 좁을 경우에는 열쇠구멍(Key hole)을 만들어주고 용접봉을 찍어주는 형태로 가야만 이면비드가 형성된다. 1층 이면비드용접은 전류는 90~93A 정도가 적당하며 위빙을 최대한 작게 하고 루트면 끝단만을 용융시키는 형태로 진행한다. 크레이터 부분에서 용융물을 채우고 후기가스가 정지될 때까지 토치를 유지시켜 용접부 보호 및 전극봉을 냉각시킨다. 1층 이면비드용접 후 용접부위가 300℃ 이하로 냉각되도록 약 3분 정도 기다렸다가 2층 속살 용접을 진행한다.

③ 2층 속살용접은 1층 이면비드용접보다 약간 더 위빙을 크게 하고 진행하고 용접 완료 후 용접부위가 300℃ 이하로 냉각 되도록 약 3분 정도 기다렸다가 3층 속살 용접을 진행한다. 3층 속살용접은 토치의 위빙폭을 좀 더 크게 진행하고 용접봉의 최대한 많이 공급하여 개선면이 시작되는 모서리에서 약 0.5mm 정도 남기며 홈을 채워준다. 용접이 완료된 후에는 약 3분 정도의 휴식시간을 갖고 용접부위가 300℃ 이하로 냉각되도록 기다렸다가 4층 표면비드 용접을 진행한다.

④ 마지막 4층 표면 용접에서는 텅스텐봉과 용접봉 송급 방향이 개선 모서리를 넘어가지 않도록 주의하고 위빙 시 좌·우에서 살짝 머물러 주며 용접을 진행한다. 4층 비드의 높이는 모재 표면보다 약 0.5~1.0mm 높게 쌓이도록 용접봉을 공급한다.

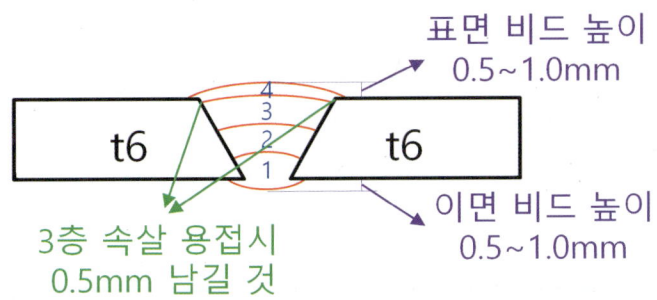

[그림 2.3.1] 연강판 맞대기 이음 층수(pass) 및 주의사항

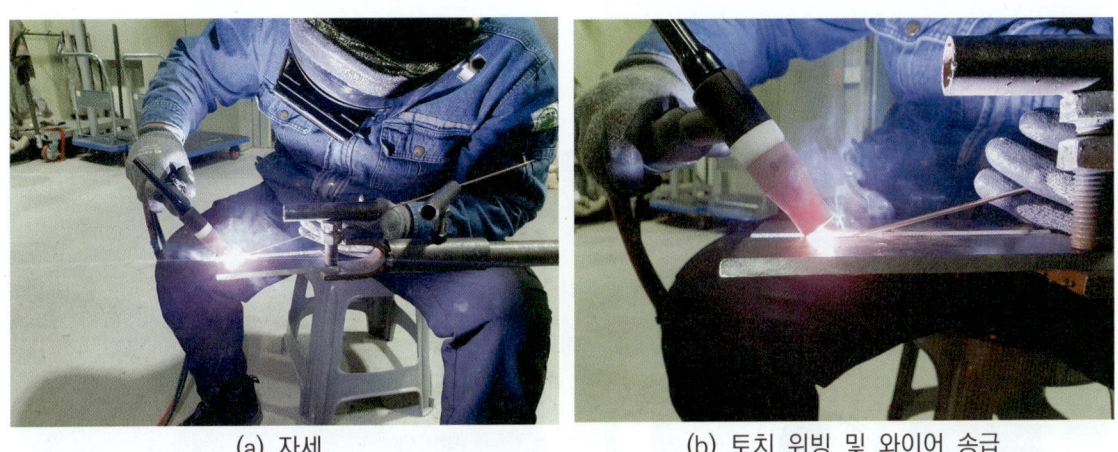

(a) 자세　　　　　　　　　(b) 토치 위빙 및 와이어 송급

[그림 2.3.2] 아래보기 자세 위빙 각도 및 와이어 송급

가스텅스텐아크용접기능사 실기

(2) 수직 자세 용접하기

① 가스텅스텐아크용접 V형 맞대기이음 수직자세 진행방법은 아래보기 자세와 동일하며 용접 자세는 [그림 2.3.3]과 [그림 2.3.4]를 참조하여 진행한다.

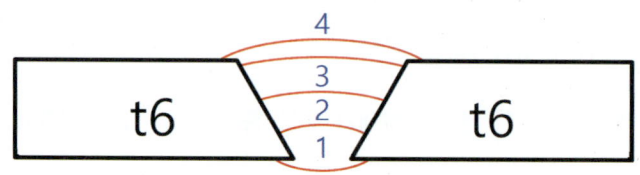

[그림 2.3.3] 모재 두께에 따른 아래보기 자세 V형 맞대기 이음 진행 방법

 (a) 자세   (b) 토치 위빙 및 와이어 송급

[그림 2.3.4] 아래보기 자세 위빙 각도 및 와이어 송급

(3) 수평 자세 용접하기

① 가스텅스텐아크용접 V형 맞대기이음 수평자세 진행방법은 아래보기, 수평 자세와 동일하며 용접 자세는 [그림 2.3.5]와 [그림 2.3.6]을 참조하여 진행한다.

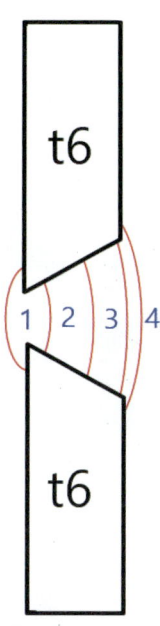

[그림 2.3.5] 모재 두께에 따른 아래보기 자세 V형 맞대기 이음 진행 방법

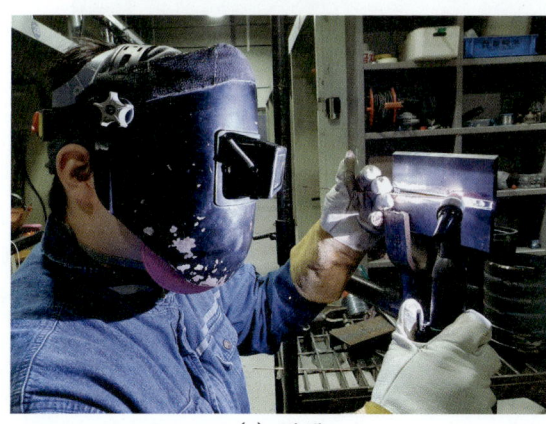   

(a) 자세   (b) 토치 위빙 및 와이어 송급

[그림 2.3.6] 아래보기 자세 위빙 각도 및 와이어 송급

2 층(Pass)간 용접 방법

① 텅스텐봉의 돌출길이는 세라믹노즐 8호를 기준으로 1층 이면비드용접에서는 약 11~12mm 돌출시키고, 2층 속살용접에서는 10~11mm, 3층 속살용접에서는 9~10mm, 4층 표면비드용접에서는 약 8~9mm 돌출 시켜 용접을 실시한다.

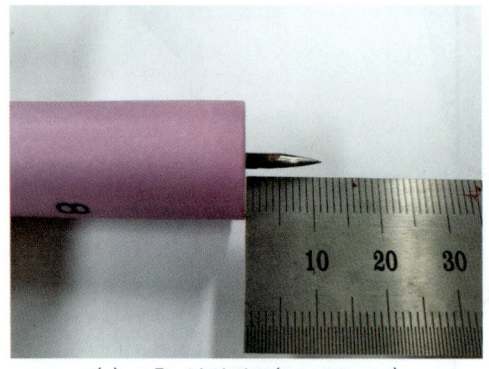

(a) 1층 이면비드(11~12mm)

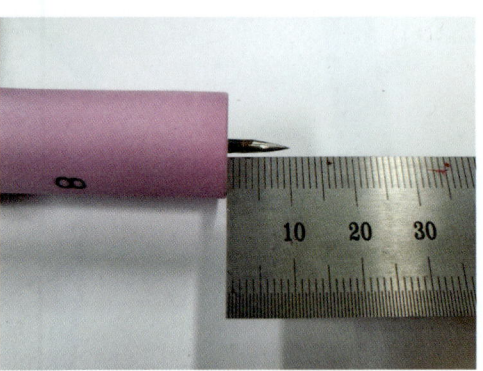

(b) 2층 속살용접(10~11mm)

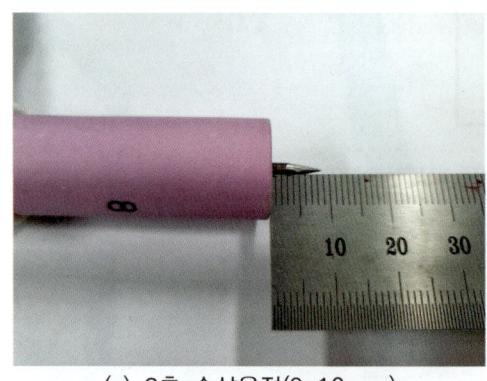

(c) 3층 속살용접(9~10mm)

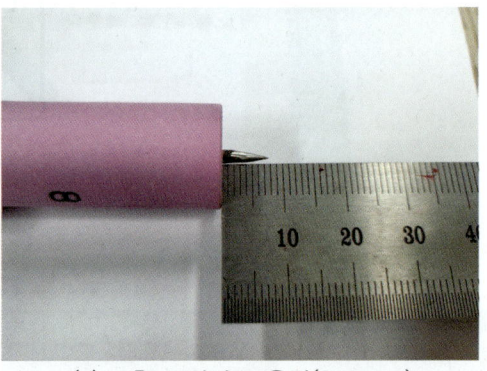

(d) 4층 표면비드 용접(8~9mm)

[그림 2.3.7] 층간 텅스텐봉 돌출길이

② 1층 이면비드 용접 시 텅스텐봉의 돌출길이와 용접봉의 공급위치는 [그림 2.3.7]과 같이 진행한다. 층간 용접이 끝나고 냉각중에는 비드 표면에 올라온 금속 산화물 등을 와이어브러쉬로 청소하도록 한다.

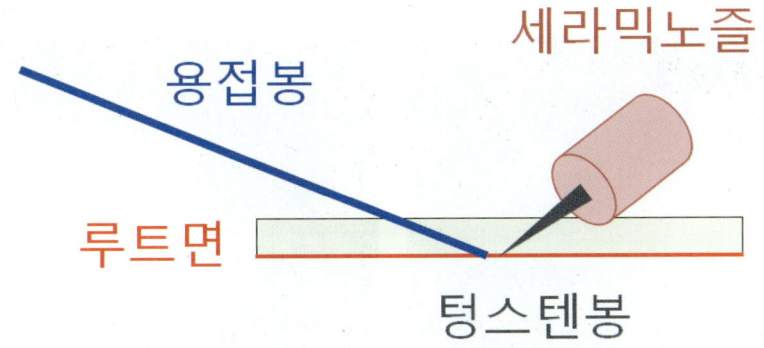

[그림 2.3.8] 아래보기 자세 1층 이면비드의 텅스텐봉 및 용접봉 진행 위치

(a) 1층 이면비드용접 (b) 2층 속살용접

(c) 3층 속살용접 (d) 4층 표면비드 용접

[그림 2.3.9] 연강 t6 층별 적정 용착량

(a) 위빙폭 (좌)　　　　　　　　(b) 위빙폭 (우)

[그림 2.3.10] 연강 t6 표면비드 위빙 폭

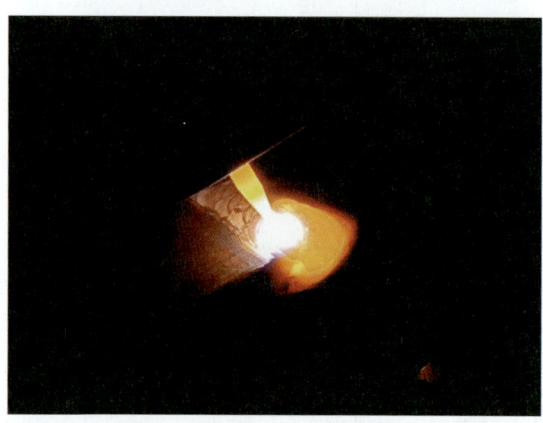 

(a) 용접 종점부　　　　　　　　(b) 후기가스

[그림 2.3.11] 연강 t6 표면비드용접

제3장
스테인레스강 맞대기용접

제1절 비드쌓기
제2절 가용접
제3절 맞대기용접

제 1 절 비드쌓기

1. 모재 준비

(1) 모재 금긋기

① 비드쌓기 연습용 모재로 t4 ×150W×150L 스테인리스 강판을 준비한다. 초보자의 경우 t4 미만의 스테인리스 강판을 사용할 경우 용접 전류 대비 위빙 진행 속도가 적절하지 않아 너무 많은 열이 입열 되어 쉽게 산화되거나 변형될 수 있다.
② 연강판 비드쌓기와 동일한 방법으로 강철자와 펜을 이용하여 약 8~12mm 간격으로 선을 긋는다.
③ 세라믹노즐은 6~8호를 사용하도록 하며 노즐 끝단에서 약 6~8mm 정도 돌출시키도록 한다.

 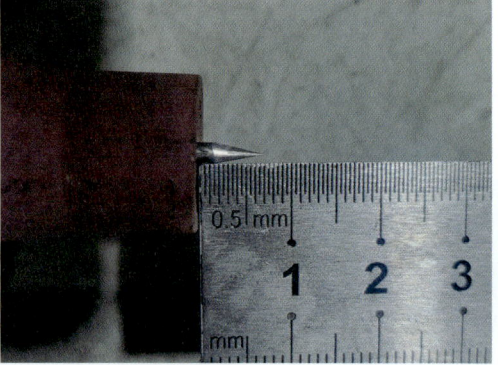

(a) 8~12mm 간격으로 선긋기   (b) 텅스텐봉 돌출길이 (6~8mm)

[그림 3.1.1] 아래보기자세 비드쌓기 용접

2. 자세별 비드쌓기

(1) 용접 조건 설정하기

① 연강판 비드쌓기와 마찬가지로 준비된 스테인리스 강판을 지그에 각 자세별로 고정하고 토치 위빙 시 불편함이 없는지 확인하여 지그의 높낮이와 의자 위치를 조절한다.

② 용접전류는 약 70~80A로 설정한다. 용접전류는 토치의 아크를 발생시킨 상태에서 용접기 본체에 있는 게이지의 눈금을 읽고 전류를 조정한다. 연습모재 시점부에서 아크를 발생시켜 용융지를 형성하고 용가재를 송급한다.

③ 토치 위빙 시 텅스텐 전극봉과 모재의 간격은 약 1~2mm로 유지한다.

④ 크레이터 조작스위치는 '1회 반복'으로 설정한다. 크레이터 '1회 반복'은 토치 스위치를 누르고 떼면 자동으로 아크가 발생되어 용접선이 길거나 장시간 용접을 해야 할 경우 편리하다.

⑤ 일반적으로 크레이터 전류는 용접전류의 약 50~70% 정도 설정하지만 비드쌓기 연습을 위한 크레이터 전류는 0A로 설정한다.

(a) 용접전류 측정

(b) 용접전류 확인

[그림 3.1.2] 아래보기자세 비드쌓기 용접 자세

(2) 아래보기 자세 비드쌓기

① 용접 시점부에서 아크를 발생시켜 용융지를 형성한다.
② 용가재를 용융지 끝에 공급하고 토치를 위빙하며 용접을 진행한다. 토치 위빙 시 용융지 좌·우 끝에서 잠깐씩 머물러 주며 진행한다.

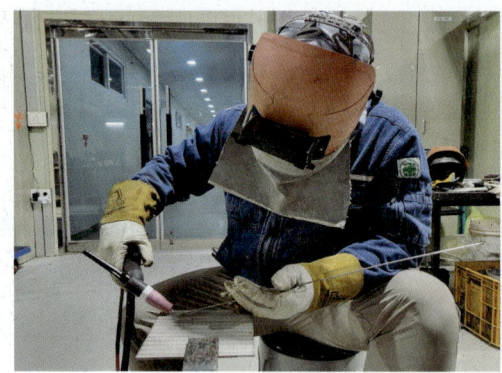

[그림 3.1.3] 아래보기자세 비드쌓기 용접

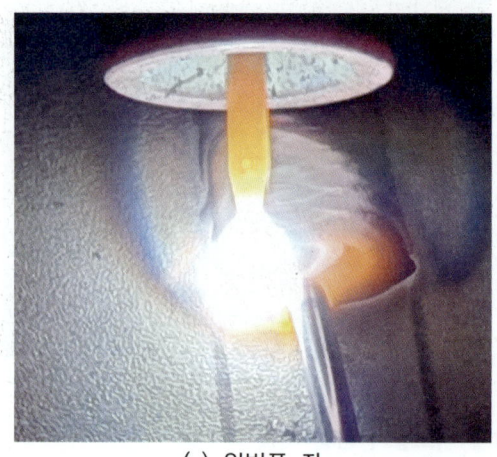
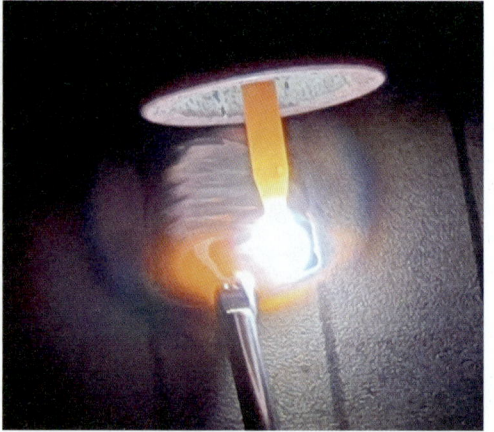

(a) 위빙폭 좌   (b) 위빙폭 우

[그림 3.1.4] 위빙폭

③ 용접부가 끝나는 종점에서 토치 스위치를 off 한 후 후기가스 분출이 끝날 때까지 용접부에서 토치를 떼지 않는다. 후기가스 냉각이 안 될 경우 산화 및 크레이터 결함의 원인이 될 수 있다.
④ 일정한 비드피치와 폭이 완성될 때까지 계속 비드쌓기를 반복한다. 아래보기자세가 익숙해지면 다른 자세를 연습하도록 한다.

(3) 수직 자세 비드쌓기

(a) 수직자세

(b) 크레이터부 후기가스 처리

[그림 3.1.5] 수직자세 비드쌓기 용접 자세

(a) 위빙폭 좌

(b) 위빙폭 우

[그림 3.1.6] 수직자세 위빙

① 스테인리스 강판을 지그에 수직자세로 고정하고 토치 위빙 시 불편함이 없는지 확인하여 지그의 높낮이를 조절한다. 왼손의 위치는 지그 상단부에 기대어 안정적인 용가재 송급을 할 수 있도록 한다.
② [그림 3.1.5]와 [그림 3.1.6]을 참조하여 일정한 비드피치와 폭이 완성 될 때까지 수직자세 비드쌓기를 계속 반복한다.

(4) 수평 자세 비드쌓기

① 스테인리스 강판을 지그에 수평자세로 고정하고 토치 위빙 시 불편함이 없는지 확인하여 지그의 높낮이를 조절한다. 왼손의 위치는 지그 좌측부에 기대어 안정적인 용가재 송급을 할 수 있도록 한다. 용가재의 송급위치는 용접 중 흘러내리는 것을 감안하여 비드 상단부에 송급하도록 한다.

② [그림 3.1.7]과 [그림 3.1.8]을 참조하여 일정한 비드피치와 폭이 완성될 때까지 수평자세 비드쌓기를 계속 반복한다.

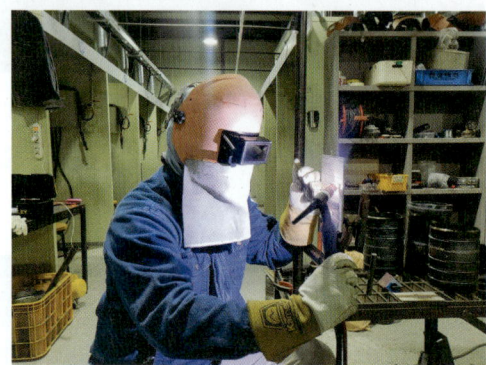
(a) 수직자세

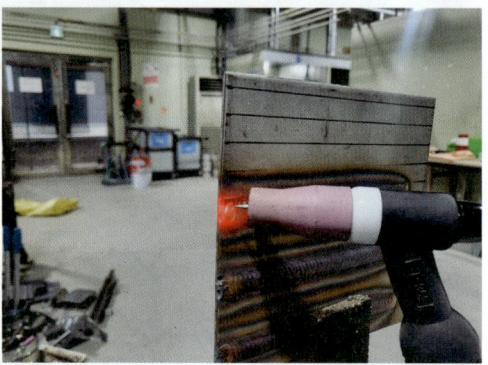
(b) 크레이터부 후기가스 처리

[그림 3.1.7] 수직자세 비드쌓기 용접

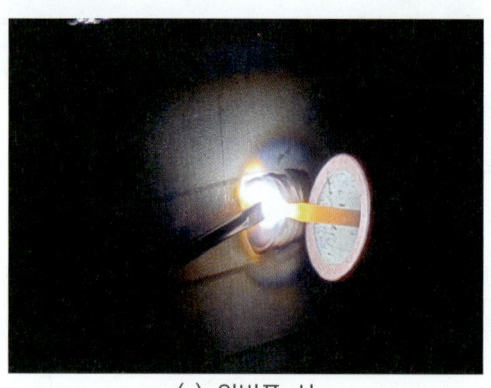
(a) 위빙폭 상

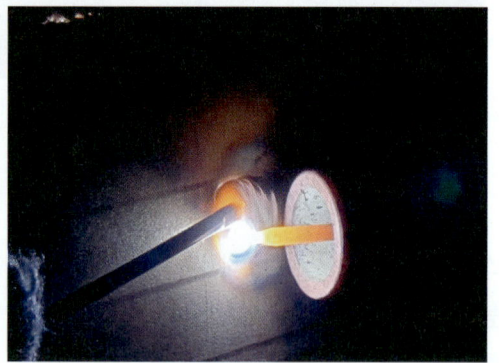
(b) 위빙폭 하

[그림 3.1.8] 수직자세 위빙

③ [그림 3.1.9]와 같이 스테인리스 강판에 비드쌓기를 완성하였다. 표면 비드의 산화 정도를 확인하고 이면에 과열로 인하여 산화된 부분이 있는지 확인한다. 충분한 비드쌓기 연습을 통해 맞대기용접 능력단위에서 원활한 실습이 될 수 있도록 한다.

(a) 비드쌓기 표면 　　　　　　　　　　(b) 비드쌓기 이면

[그림 3.1.9] 비드쌓기 완성

제 2 절 가용접

1. 가용접 준비

(1) 도면 파악하기

가스텅스텐아크 용접기능사 자격증 시험에서 스테인리스강 맞대기용접은 자세별로 아래보기(F), 수평(H), 수직(V) 3가지 자세 중 한 자세가 출제된다. 시험 모재의 크기는 t3 x 75W(폭) x 150L(용접선 길이)이다. 도면에서 요구하는 시험 자세를 파악하여 올바른 자세로 용접을 진행한다. 가용접 방법은 시험 자세와 상관없이 아래보기 자세로 실시하면 된다.

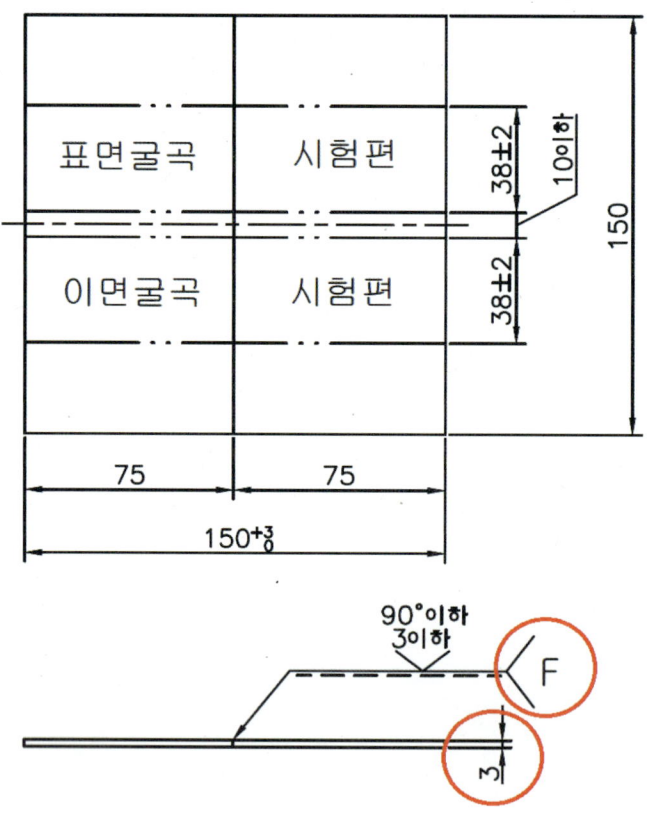

[그림 3.2.1] 연강 맞대기 용접 시험 과제(t6)

(2) 모재 준비하기

모재의 가공은 유압전단기 또는 플라즈마 절단법 등을 이용하여 절단을 진행한 후 밀링가공, 플라즈마 절단 또는 그라인더 가공을 통해 30~35° 개선가공을 하게 된다. 본 교재에서는 모재 가공에 들어가는 시간을 줄이고자 [그림 3.2.3]과 같이 시중에서 판매하는 용접 연습모재를 준비하여 실습을 진행하였다. 연습모재로 충분한 기량을 만든 후에 실제 시험장에서 지급하는 동일한 규격의 시험편으로도 연습을 하고 국가자격 시험에 응시하는 것을 추천한다.

○ 홈 각도 : 60~70°(70°)
○ 루트 면 : 0 mm
○ 루트 간격 : 시점 3.2 종점 4.0mm

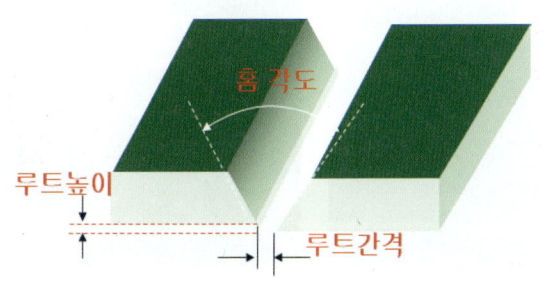

[그림 3.2.2] 스테인리스강 맞대기용접 시험편 홈의 치수

(a) t3 연습용 모재(무개선)

(b) t3 시험용 모재(STS 304)

[그림 3.2.3] 맞대기용접용 연습 및 시험 지급 모재

(3) 모재 가공하기

① 모재에서 용접선(150L)을 중심으로 루트면을 0mm로 칼개선 가공한다. 연습 시간을 최대한 효율적으로 사용하기 위해 전기 그라인더를 사용하여 가공한다.

② 용접게이지를 이용하여 개선 각도를 측정한다. 개선각도는 30~35° 범위 내로 한다.

③ 모재의 베벨각에 줄 가공으로 기름이나 이물질 및 녹을 제거한다. 베벨가공에서 기름이나 이물질이 묻어 있어 용접결함을 발생하기 때문에 가용접 전 베벨각을 줄 가공하여 제거한다. 가스텅스텐아크 용접에서 일반적으로 루트면은 가공하지 않지만 필요에 따라 루트면을 가공하는 경우가 있다. 줄이나 그라인더를 이용하여 가공하는데 그라이더 가공 후 가공면이 거칠기 때문에 줄 가공으로 마무리하는 것이 좋다.

[그림 3.2.4] 모재의 베벨각 줄가공

2. 가용접

(1) 가용접하기

① 가용접을 위해 가스텅스텐아크 용접기를 설정한다. 가용접 전 용접기를 세팅하는 방법은 용접기 마다 약간의 차이가 있다. 용접기에 따라 조작 방법은 다르지만 기능은 같다.

② 분전반에 가스텅스텐아크 용접기의 메인 스위치 ON 한다.

[그림 3.2.5] 메인 스위치 ON

③ 가스텅스텐용접기 ON 한다.

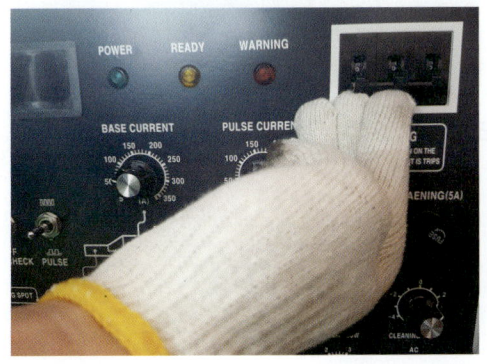 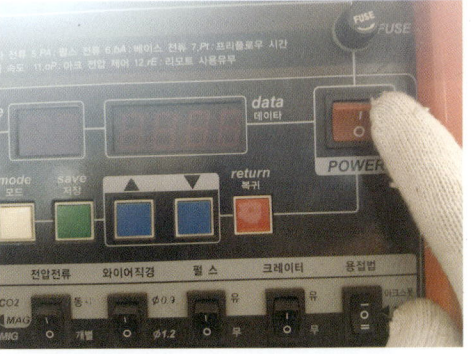

[그림 3.2.6] 용접기 스위치 ON

④ 가스 밸브를 열고 가스 유량을 확인한다. 용접기의 가스체크 기능을 사용하면 가스 유량을 설정하는 데 편리하다. 가스유량은 10~15 l/min으로 설정한다.

[그림 3.2.7] 가스 밸브 ON

[그림 3.2.8] 가스 유량 조절

⑤ 크레이터를 '무'로 설정한다. 용접기마다 크레이터를 조작하는 방법에 차이가 있다. 크레이터 '무'로 설정하면 크레이터 전류는 무시하여도 된다.

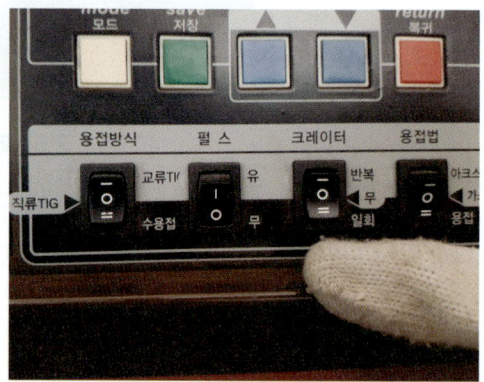
[그림 3.2.9] 크레이터 조작

⑥ 전류값을 60~80A로 설정한다. 전류값은 용접기마다 약간의 차이가 있다. 전류를 높게 설정하면 용락이 발생할 수 있다.

 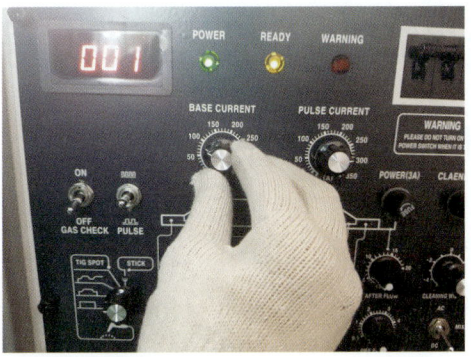

[그림 3.2.10] 용접 전류 설정

⑦ 용접 시점부 루트간격은 시점과 종점부에 아래 그림과 같이 피복아크용접봉의 심선(∅3.2) 또는 가스텅스텐아크용접봉(∅3.2)을 이용하여 루트면 사이에 꽉 끼도록 하고 종점부는 ∅4.0으로 조정하여 알루미늄 지그를 고정한 상태로 가용접한다. 가용접의 길이는 10mm 이내에서 가용접을 한다. 가용접은 두께는 모재의 표면보다 낮게 한다.

(a) 적절한 가용접 상태 (b) 잘못된 가용접 상태

[그림 3.2.11] 용접 전류 설정

⑧ 가용접 후 상태가 불량해도 가용접부를 제거할 수 없으며 가용접이 끝나면 본용접을 해야 하므로 가용접이 본용접의 상태를 결정하는데 중요한 요소이다. 현장에서는 엔드탭을 사용하여 시작부와 끝부의 가용접부를 제거하지만 자격시험에서는 한번 가용접을 하면 제거할 수 없다. 주의하여 신중하게 용접을 해야 한다.

제 3 절 맞대기용접

1. 아래보기 자세 맞대기 용접

(1) 아래보기 자세 맞대기 용접 준비

① 이면보호판의 규격은 [그림 3.3.1]과 같이 홈 폭 10mm, 길이 160mm, 깊이 4mm이며 재료는 무관하다. 기존에 방식과는 다른 용접방법을 적용해야 이면비드가 산화되지 않으며 미려한 이면비드를 얻을 수 있다.

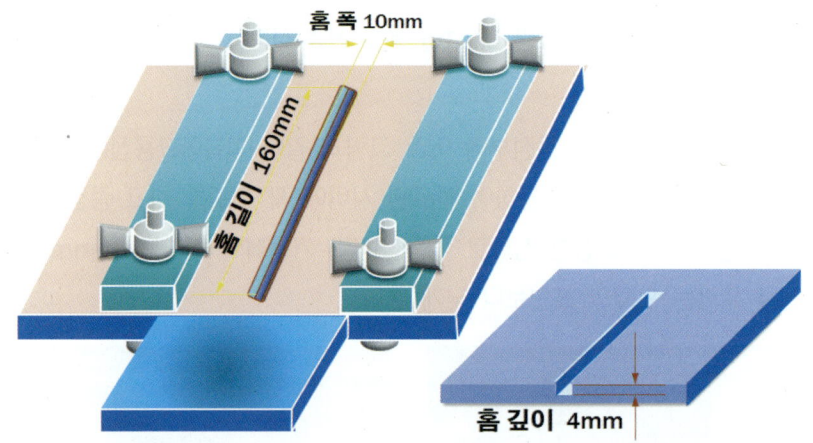

[그림 3.3.1] 이면 보호판 홈 폭, 길이, 깊이

② 시중에 판매하는 이면 보호판은 알루미늄과 동 재질이 있으며 시험편을 고정하고 변형 및 산화 방지를 위하여 사용한다.

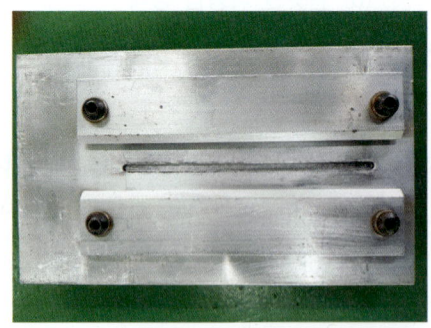

(a) 알루미늄 재질 이면 보호판

(b) 동 재질 이면 보호판

[그림 3.3.2] 이면 보호판 종류

③ 가공된 시험편을 이면 보호판에 고정시킨다. 이때 루트간격은 이면 보호판의 홈 간격에 맞춰 손으로 조인 다음 모재가 단차 발생이 없도록 육각렌지, 몽키스패너를 사용하여 고정한다.

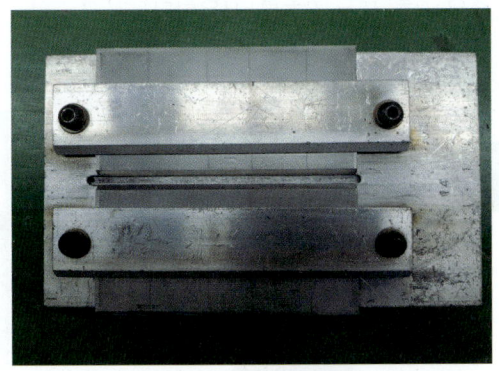

[그림 3.3.3] 이면 보호판 모재 고정

④ 이면 보호판을 아래보기 자세로 작업대 지그에 고정한다. 지그를 사용하지 않고 용접 테이블 위에서 용접할 경우 이면 보호판이 움직여 정상적인 위빙이 불가능하기 때문에 지그의 고정은 필수 사항이다.

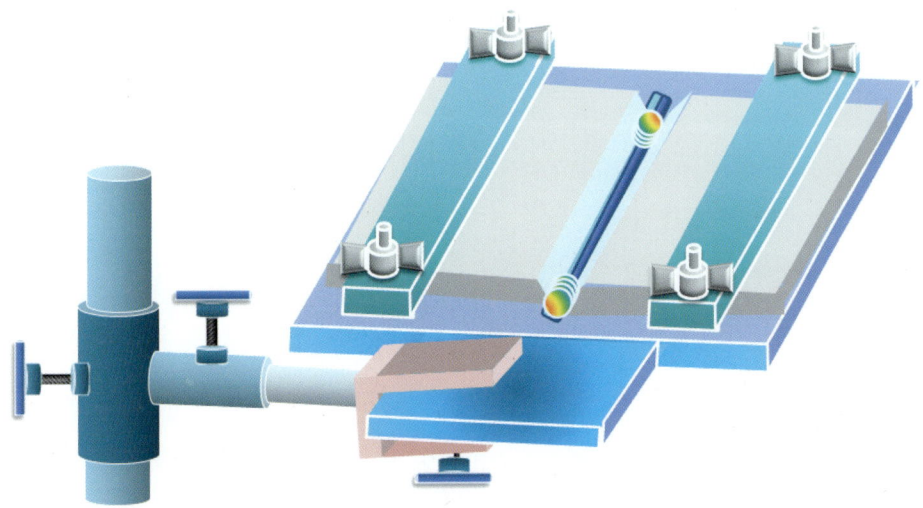

[그림 3.3.4] 아래보기 자세 고정

⑤ 텅스텐 전극봉을 토치에 삽입하고 돌출길이는 약 3~5mm 정도 준비한다. 텅스텐 전극봉은 용접 전 몇 개 가공하여 준비하는 것이 좋다. 이는 텅스텐 전극봉이 모재와 용가재에 접촉되면 비드가 산화되기 때문이다. 세라믹노즐은 5호 또는 6호를 사용한다.

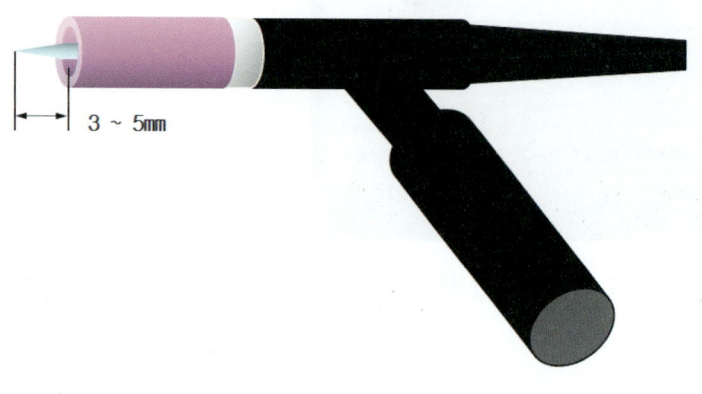

[그림 3.3.5] 텅스텐 전극봉 돌출길이

[그림 3.3.6] 가공 상태

(2) 아래보기 자세 1차 용접하기

① 아래보기 자세의 경우 루트간격을 [표 3.3.1]과 같이 고정한 후 시점과 종점에 가접한다. 모재의 두께에 따라 루트간격의 다르므로 이점을 유의해야 한다. 루트간격 설정에서 기준은 피복아크용접봉 심선을 기준하며 [그림 3.3.7]과 같이 이면비드판에 모재를 고정시킨 후 가접 하는 것이 바람직하다.

[표 3.3.1] 모재 두께에 따른 루트 간격 및 용접 층수 설정

모재 두께	루트간격		용접 층수
	시점	종점	
t 3	2.4 mm	3.2 mm	2~3 Pass
t 4	3.2 mm	4.0 mm	3~4 Pass

* 아래보기 자세, 수직 자세, 수평 자세, 위보기 자세에 모두 해당 됨
* 참고값이므로 개인차에 의해 루트간격 설정 및 용접 층수는 변경될 수 있음

[그림 3.3.7] 루트간격 고정

[그림 3.3.8] 종이테이프 부착

② 이면 보호판에 아래보기 자세로 고정한 후 가접된 모재의 가공된 V홈 표면에 종이테이프 또는 알루미늄테이프를 붙인다.
③ 시점 또는 종점의 종이테이프를 살짝 때어 알곤가스를 이면보호판에 약 20초간 주입한다. TIG 용접기의 후기가스 시간을 길게 하면 편하다.

(a) 퍼지 준비

(b) 알곤가스 주입 (약 20초)

[그림 3.3.9] 이면보호판 홈에 알곤가스 주입

④ 1차 용접(Back bead)은 시작부에서 노즐을 이면 보호판 면에 놓고 종이테이프 또는 알루미늄테이프를 태우고 가접부를 용융시키고 용가재를 첨가하여 그림과 같이 위빙을 진행한다.

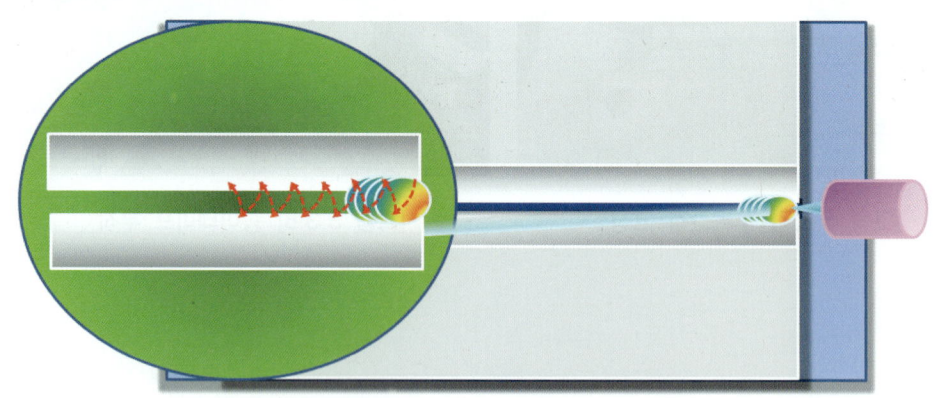

[그림 3.3.10] 1차용접 시작방법

⑤ 토치의 진행속도에 맞춰 용가재를 공급한다. 이때 용융지에서 용가재가 떨어지지 않도록 주의해야 하며 모재의 열쇠구멍(key hole)을 채우며 용접을 진행한다.

[그림 3.3.11] 1차 용접 방법

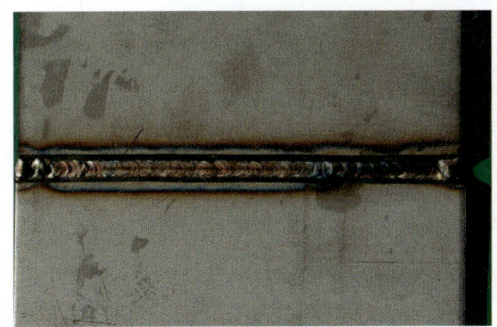 

(a) 1차 용접 표면   (b) 1차 용접 이면

[그림 3.3.12] 1차 용접 표면 및 이면 비드 모양

⑥ 1차 용접에서 유의할 사항은 다음과 같다.
   ⓐ 용가재의 공급이 부족하면 열쇠구멍(key hole)이 커지게 되므로 용융물 형성이 끊어지지 않도록 연속적이고 규칙적으로 공급이 되도록 한다.
   ⓑ 가용접의 경우와 같이 루트 면에서 루트 면까지 위빙 하여 용접의 비드가 표면까지 쌓이지 않게 한다.
   ⓒ 위빙피치가 너무 좁거나 용접속도가 너무 느리면 모재의 과열로 용접부가 탄화되어 변색되므로 유의한다.
   ⓓ 크레이터 부분에서 용융물을 채우고 후기가스가 정지될 때까지 토치를 유지시켜 용접부 보호 및 전극봉을 냉각시킨다. (300℃)

(3) 아래보기 자세 2차 용접하기

비드 용접 방법과 같은 방법으로 위빙하며 비드 폭은 양 끝에서 약간 머물러 준다. 용융물의 크기가 일정하게 형성되고, 홈 안을 0.5mm 정도 남기며 홈을 채운다.

토치의 위빙 방법은 다음과 같다.
ⓐ 토치 ①의 전극이 비드 반대쪽 화살표 끝 쪽을 향하도록 각도를 꺾어준다.
ⓑ 토치 ②를 세라믹 노즐 끝을 이용하여 ③의 위치까지 굴려준다.
ⓒ 토치 ③을 전극이 비드 반대쪽 화살표 끝 쪽을 향하도록 토치 ④와 같이 꺾어 굴려준다.

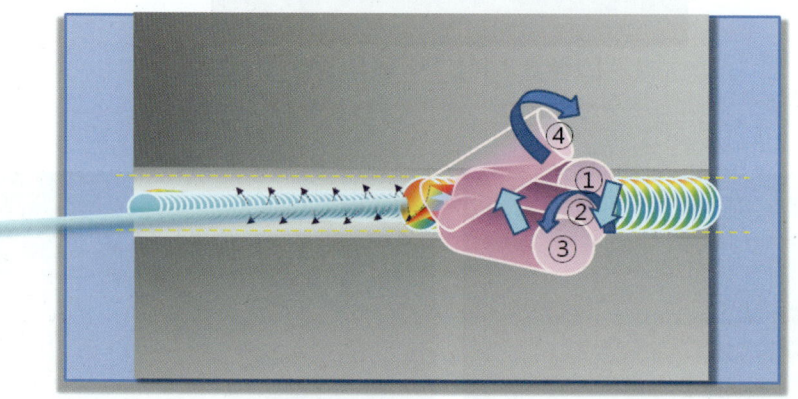

[그림 3.3.13] 2차 용접 위빙 방법

[그림 3.3.14] 2차 용접 표면

(4) 아래보기 자세 3차 용접하기

① 3차 용접의 위빙 방법은 2차와 동일하며 세라믹 노즐 7호, 8호를 사용한다. 비드 폭 양끝에서 머물러 홈 안을 충분히 채워 가면서 위빙 한다.

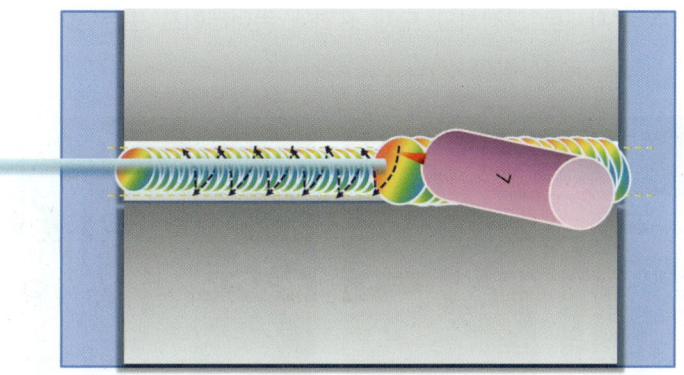

[그림 3.3.15] 3차 용접 위빙 방법

 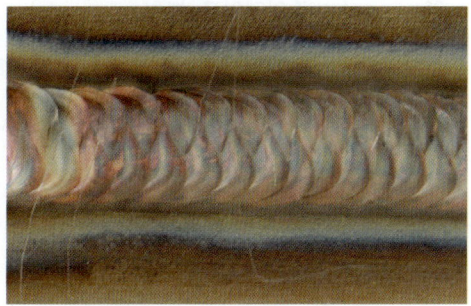

[그림 3.3.16] 3차 용접 표면

② 크레이터 처리는 용접의 끝부분에서 용가재를 공급하고 아크을 끊고 후기가스가 충분히 공급 될 때까지 토치를 비드에서 들지 않는다.

[그림 3.3.17] 크레이터 처리

가스텅스텐아크용접기능사 실기

2. 수직 자세 맞대기 용접

(1) 1차 용접(이면 비드 용접)

① 이면 보호판을 수직 자세로 고정하고 모재 표면에 종이테이프 또는 알루미늄테이프를 붙인다.

(a) 종이테이프 부착　　　　　　　　(b) 모재고정

[그림 3.3.18] 종이테이프 부착(모재표면)

② 알곤가스의 경우 공기보다 무겁기 때문에 수직자세 알곤 퍼지는 모재를 수직으로 고정시킨 상태에서 종점부의 종이테이프 및 알루미늄테이프를 뗀 상태에서 약 20초간 알곤가스를 주입한다. 이때 후기가스 모드 조절하여서 알곤가스를 주입하면 편하다.

[그림 3.3.19] 수직자세 알곤 퍼지

③ 수직자세의 경우 용접 진행각은 45°, 작업각은 90°를 유지하는 것이 바람직하다.

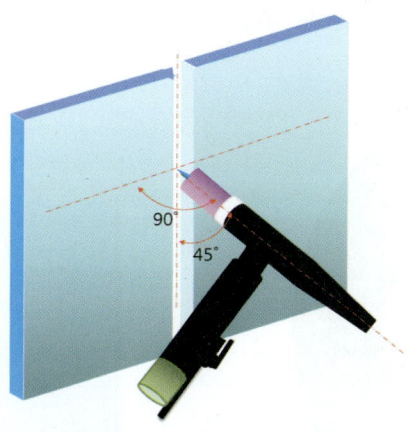

[그림 3.3.20] 용접 각도

④ 1차 용접전류를 50~60A로 조정하고 세라믹 노즐은 5호, 6호을 선택하고 세라믹 노즐을 이면 보호판에 놓고 종이테이프 및 알루미늄테이프와 가용접부을 녹여 용융물을 만들고 용가재를 공급하면서 진행한다.

[그림 3.3.21] 1차 용접 방법

⑤ 표면비드 위빙 방법과 같이 행하고 폭은 전극봉이 양쪽 모재의 루트면 끝부분까지 좁게 위빙 한다. 용가재는 일정하게 공급하여 용융물이 지속적으로 유지되게 한다.

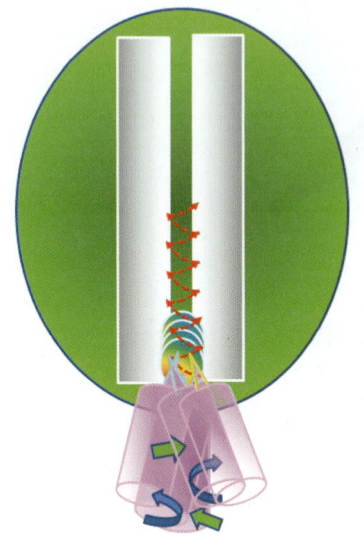

[그림 3.3.22] 토치 위빙 방법

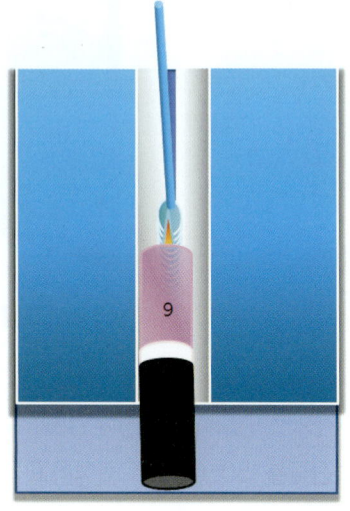

[그림 3.3.23] 용가재 공급 위치

⑥ 1차 용접 완료 후 모재 주변에 테이프를 완전히 제거하고 와이어브러쉬를 이용하여 깨끗이 닦고 2차 용접 준비를 한다.

[그림 3.3.24] 1차 용접 시험편

(2) 2차 용접

① 2차 용접은 모재의 표면에서 약 0.5mm 낮게 채워준다. 이때 전류는 1차 용접 전류 보다 약 10A 정도 높게 설정한다. 2차 용접은 1차 용접보다 홈각도가 크기 때문에 용가재를 넓게 펼쳐 준다. 또한 용접속도가 느리면 비드가 산화될 수 있어 이점을 주의해야 한다.

[그림 3.3.25] 2차 용접 방법

② 2차 용접 완료 후 표면 상태를 확인하여 산화가 발생했을 경우 깨끗이 닦고 3차 표면비드 용접을 준비한다.

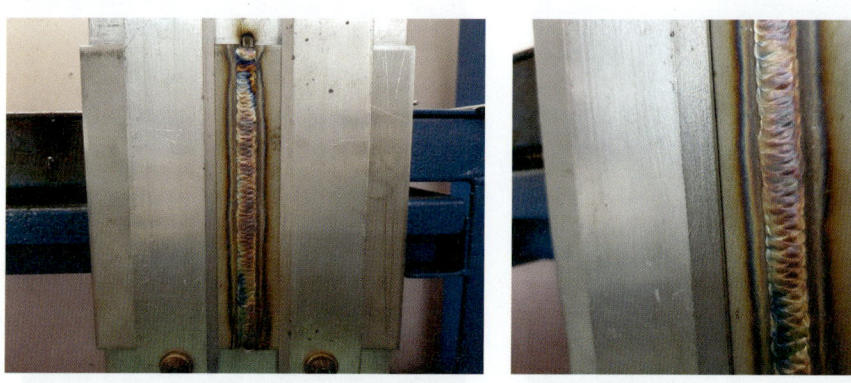

[그림 3.3.26] 2차 용접 시험편

(3) 3차 용접

① 3차 용접의 경우 세라믹 노즐을 7호, 8호를 사용하는 것을 추천한다. 표면 위빙에 있어 노즐의 직경이 넓어지면 위빙 속도를 조절하는 것이 용이하고 진행속도를 제어 할 수 있는 장점이 있다.

[그림 3.3.27] 3차 용접 방법

② 표면비드는 비드의 폭과 높이를 일정하게 용접하는 것이 중요하다. 표면비드 용접이 끝나면 주변을 정리한다.

 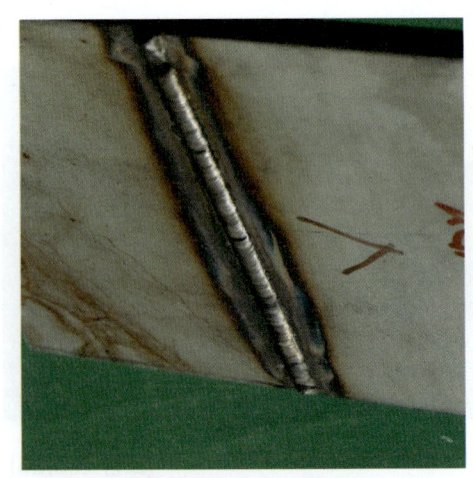

(a) 수직자세 표면비드　　　　　　　　(b) 수직자세 이면비드

[그림 3.3.28] 3차 용접 시험편

3. 수평 자세 맞대기 용접

(1) 1차 용접(이면 비드 용접)

① 이면 보호판을 수평 자세로 고정하고 모재 표면에 종이테이프 또는 알루미늄테이프를 붙인 후 종이테이프 종점을 때어 알곤가스를 약 20초간 주입한다.

[그림 3.3.29] 종이테이프 (표면)

[그림 3.3.30] 알곤가스 퍼지

② 수평자세의 경우 용접 진행각은 45°, 작업각은 90°를 유지하는 것이 바람직하다.

[그림 3.3.31] 수평자세 토치 각도

③ 1차 이면비드 용접에서는 용접전류를 55~65A로 조정하고 세라믹 노즐은 5호, 6호를 선택한다. 세라믹 노즐을 이면 보호판에 놓고 종이테이프 및 알루미늄테이프와 가용접부을 녹여 용융물을 만들고 용가재를 공급하면서 진행한다.

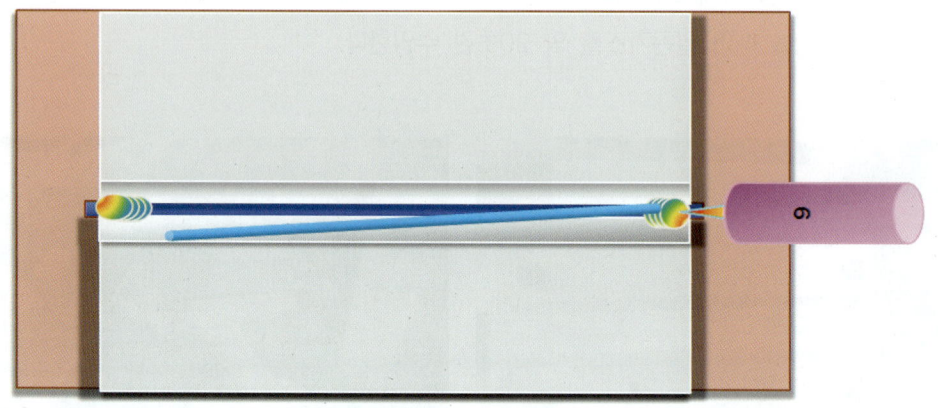

[그림 3.3.32] 수평자세 시작부 처리

④ 용가재의 공급이 부족하면 열쇠구멍(key hole)이 커지게 된다. 용융물 형성이 끊어지지 않도록 연속적이고 규칙적으로 공급이 되도록 한다.

[그림 3.3.33] 1차 용접 방법

⑤ 1차 용접에서 비드의 두께는 모재의 30% 정도를 채우며 표면 상태에 따라 산화된 부분은 깨끗이 닦고 2차 용접을 준비한다.

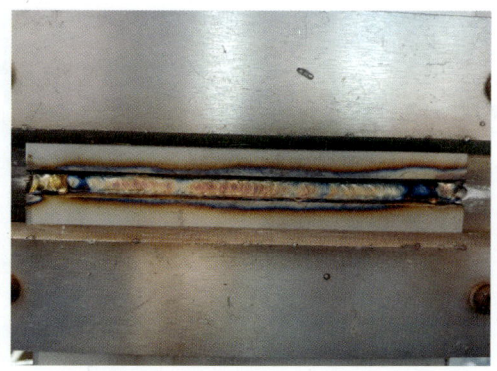

[그림 3.3.34] 1차 용접 시험편

(2) 2차 용접

① 1차 용접보다 넓은 비드의 용접을 해야 하며 용가재는 중심에서 약간 올려 주는 것이 좋다.

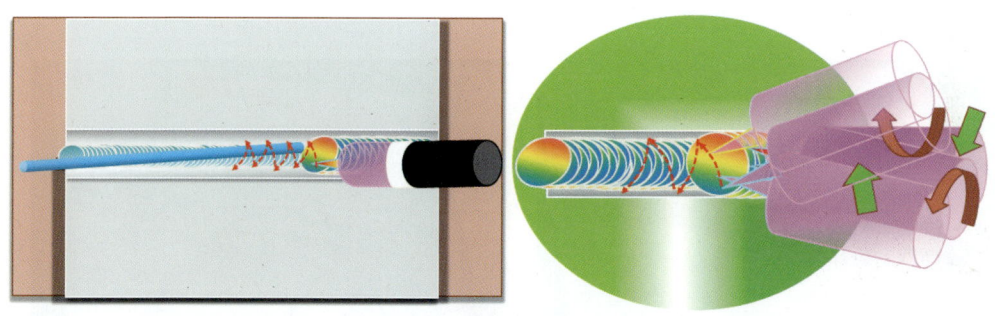

[그림 3.3.35] 2차 용접 방법

② 2차 용접의 비드의 두께는 모재의 표면과 같거나 표면보다 약 0.5mm 낮게 용접한다.

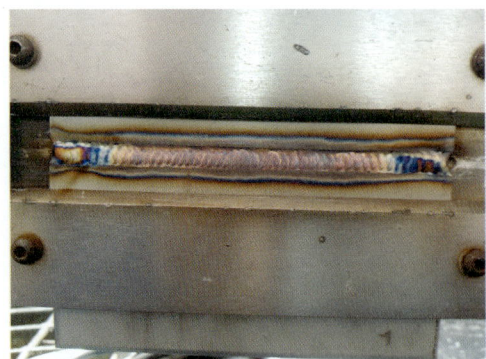 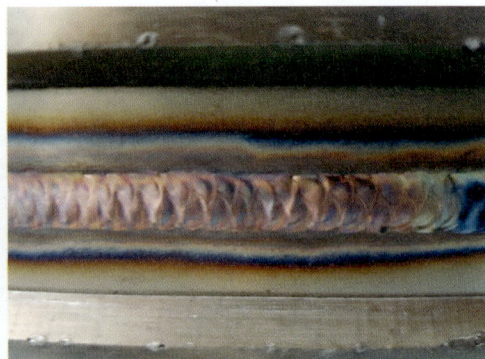

[그림 3.3.36] 2차 용접 시험편

(3) 표면비드용접

① 3차 용접은 세라믹 노즐을 7호로 사용하고 비드의 폭과 높이를 일정하게 유지하며 용접을 진행한다.

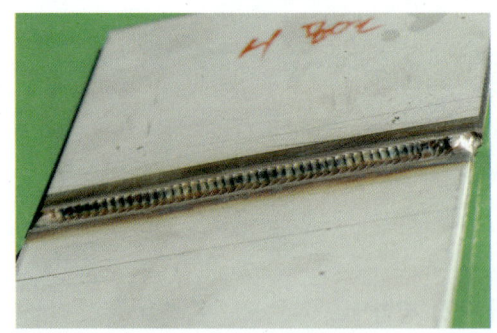 

(a) 수평자세 표면비드   (b) 수평자세 이면비드

[그림 3.3.37] 3차 용접 시험편

② 3차용접이 끝나면 주변 상태를 정리하고 용접기 스위치를 OFF한다.

제4장
온둘레 필릿용접
(일주용접)

제1절 가용접
제2절 온둘레 필릿용접

가용접

1. 가용접 준비

(1) 도면 파악하기

① 가스텅스텐아크용접기능사 자격증 시험에서 온둘레 필릿용접(일주용접)의 시험은 수평(H)자세 한 가지로만 출제된다. 시험 모재에서 주어지는 스테인리스 파이프의 규격은 t3 80A x 50L(수도배관용, KS D 3576 80A Sch10S)이며 스테인리스 강판은 t4 200 x 220 이다. 가용접 및 본용접은 수평 자세로 실시한다.

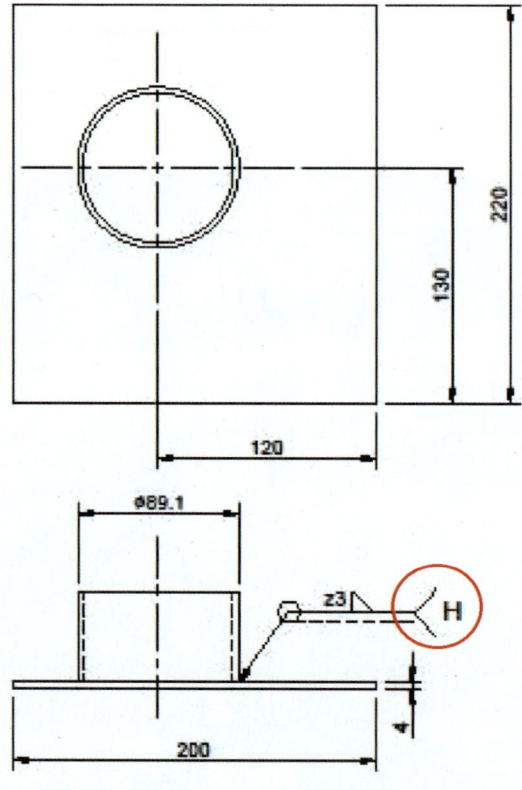

[그림 4.1.1] 온둘레 필릿용접(일주용접)

2. 가용접

(1) 가용접하기

① [그림 4.1.2]와 같이 스테인리스 강판의 가로, 세로 전체 길이를 측정하고 도면에서 요구하는 지점에 마킹을 실시한다.
② [그림 4.1.3]과 같이 파이프를 중심선에 올려놓고 위치를 정중앙에 조정하고 도면과 일치하는지를 재확인한다. 파이프의 위치가 10mm 이상 벗어난 작품은 오작 처리되니 주의한다.

(a) 가로, 세로 전체길이 확인

(b) 가로, 세로 위치 마킹

[그림 4.1.2] 파이프 용접부 표기

(a) 파이프 위치 조정

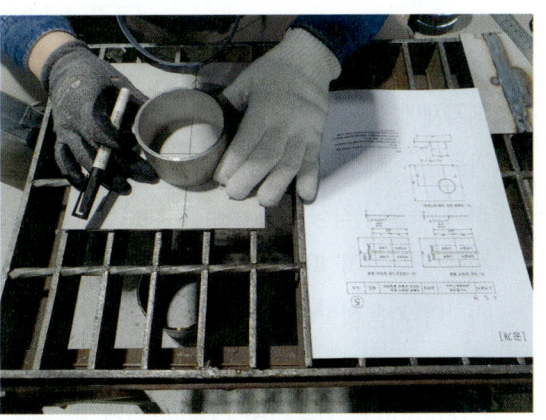
(b) 도면 검토 재확인

[그림 4.1.3] 파이프 위치 조정 및 도면 검토

(a) 아크발생

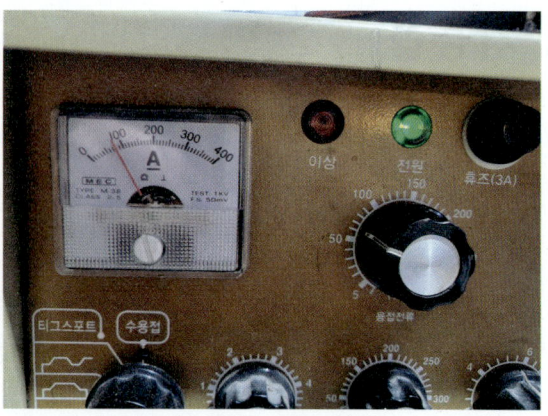

(b) 전류 80A 설정

[그림 4.1.4] 가용접 전류 설정

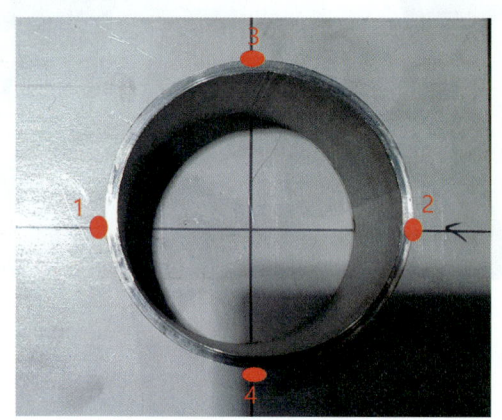

(a) 대칭 방향으로 가용접 진행

(b) 가용접을 위한 텅스텐봉 길이 조절

[그림 4.1.5] 가용접 진행방법

③ 폐자재에 아크를 발생시키고 전류를 설정한다. 가용접 전류는 약 80A 정도로 설정한다.
④ 가용접은 제살용접 또는 용접봉을 살짝만 공급하여 가용접을 진행하고 가용접 길이는 10mm 이내로 하며 목길이(각장)는 2mm 이내로 한다. [그림 4.1.5]와 같이 한쪽 방향이 아닌 대칭 방향으로 가용접을 진행하여 파이프의 중심이 틀어지지 않도록 한다. 가용접의 개소는 최대 4개까지이며 4개를 초과하여 가용접할 경우 오작 판정을 받을수 있으니 주의한다.
⑤ 도면에서 요구하는 본용접의 목길이는 3mm이다. 시험기준에서 목길이의 허용 오차범위는 2.5 ~ 5.0mm이다. 가용접을 너무 두껍게 할 경우 본용접 진행 시 해당부위의 비드가 두꺼워져 목길이 상한 기준을 초과하거나 비드표면이 불균일하여 외관 점수가 감점될 수 있으니 주의한다.

⑥ 가용접 후 상태가 불량해도 가용접부를 제거할 수 없으며 가용접이 끝나면 감독위원에게 가용접 검사를 받아야 한다. 가용접은 본용접의 비드 표면 상태를 결정하는데 중요한 요소가 된다.

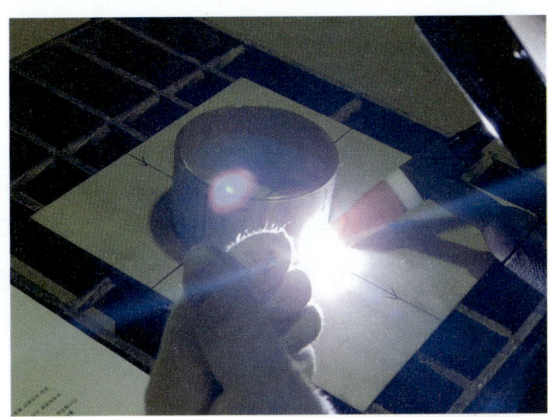
(c) 가용접 실시

(d) 가용접 확인

[그림 4.1.6] 가용접 완료

제 2 절 온둘레 필릿용접

1. 필릿용접

(1) 온둘레 필릿 용접하기

① 감독위원에게 가용접 검사가 끝난 뒤 지그에 수평자세로 고정하고 [그림 4.2.1]과 같이 의자에 앉아서 하는 것보단 서 있는 상태로 용접하는 것을 추천한다. 용접봉은 밀어 넣지 말고 바닥과 파이프 모서리에 붙여 놓는 상태로 잡아준다. 토치의 위빙은 약 2~3mm 정도만 실시하고 세라믹 노즐을 앞으로 미끄러지듯이 약간 힘을 주고 용융풀을 밀면서 비벼주는 형태로 진행한다.

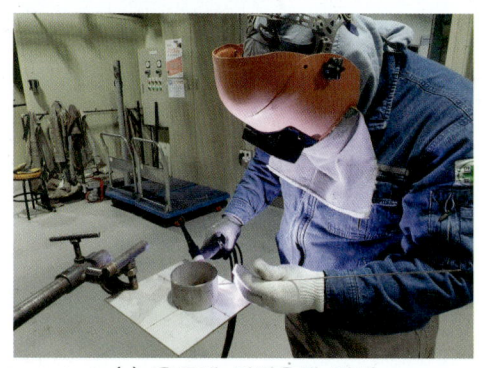

(a) 온둘레 필릿용접 자세

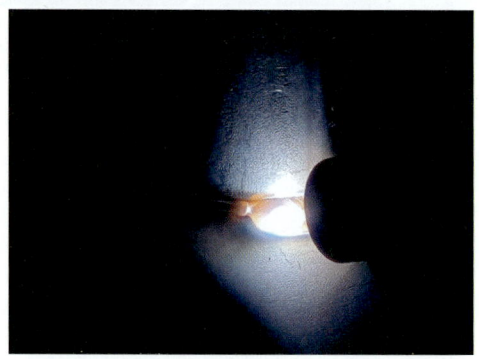

(b) 용접봉과 텅스텐봉의 진행 위치

[그림 4.2.1] 온둘레 필릿용접 자세 및 진행 방법

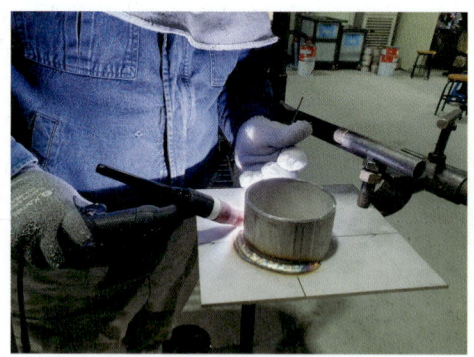

(a) 용접진행 50%

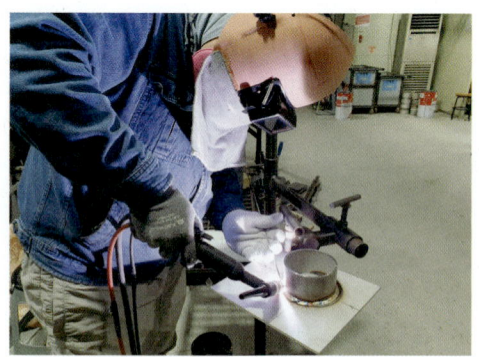

(b) 용접진행 100%

[그림 4.2.2] 용접진행에 따른 자세

제5장

용접부 검사

제1절 연강 맞대기용접 검사
제2절 스테인리스강 맞대기용접 검사
제3절 온둘레 필릿용접 검사

제1절 연강 맞대기용접 검사

(1) 외관검사 기준 파악하기

연강 맞대기 용접 외관검사에서 오작기준은 다음과 같다.

① 맞대기용접 시험편에서 이면비드(시점, 이음부, 종점 포함)의 불완전 용융부가 용접부 길이의 20mm를 초과한 작품.
② 이면비드에 보강용접을 한 작품.
③ 외관검사를 하기 전 비드 표면에 줄 가공이나 그라인더 등의 가공을 한 작품
④ 용접완료 후 시험편(비드 등)에 해머링을 한 작품 및 지급된 용접봉을 사용하지 않은 작품
⑤ 굴곡시험에서 시험편 개수의 50%(총 4개 중 2개) 이상이 0점인 작품.
⑥ 용접 시 비드 내에서 전진법이나 후진법을 혼용하거나, 상진법이나 하진법을 혼용한 작품(용접 시점과 종점은 모두 동일해야 함)
⑦ 맞대기용접부의 비드 높이가 용접시점 10mm, 종점 10mm를 제외한 모재 두께보다 낮은(0mm미만) 작품
⑧ 도면에 표기된 상태로 가용접을 하지 않는 경우
⑨ 용접부의 비드(이면, 표면) 높이가 3mm를 초과한 작품
⑩ 연강용 맞대기용접에 스테인리스강용 용접봉을 사용한 경우.
⑪ 공단에서 지정한 각인을 각 부품별로 반드시 날인 받아야 하며, 각인이 날인되지 않은 과제를 제출할 경우에는 채점하지 아니하고, 불합격 처리됨.

(2) 굽힘시험

시험감독의 육안검사가 끝나면 육안검사의 합격자는 모재 표면과 이면을 가공한다. 시험장소에 따라 수험자 또는 관리원이 가공하는 곳도 있다. 가공된 모재는 굽힘시험을 하는데 이때 시험을 하는 방법은 다음과 같다.

① 모재의 표면과 이면을 그라인더를 이용하여 가공한다. 이때 용접비드의 길이 방향으로 가공한다.

(a) 올바른 가공 방법

(b) 잘못된 가공 방법

[그림 5.1.1] 용접비드 제거

(a) 가공부 표면

(b) 가공부 이면

[그림 5.1.2] 용접비드 제거 완료

② 그라인더 작업 완료 후 동력전단기(샤링기), 가스절단 또는 플라즈마 가공법 등을 이용하여 표면과 이면 시험편을 절단한다.

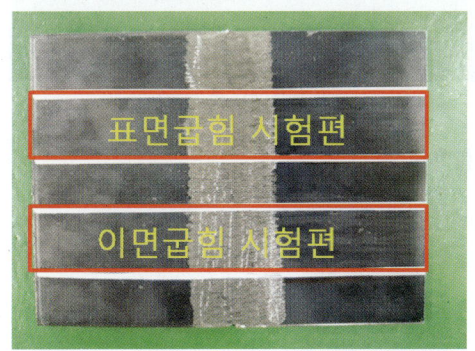

(a) 그라인더 작업 후 시험편 절단

(b) 표면 및 이면 굽힘시험

[그림 5.1.3] 시험편 절단 및 굽힘 시험

③ 시험편 2개를 굽힘시험기에 올려놓고 한쪽은 표면, 한쪽은 이면 방향으로 놓는다.

(a) 굽힘 시험 진행중

(b) 굽힘부 검사

[그림 5.1.4] 굽힘시험 후 검사

④ 굽힘시험 후 표면검사를 실시한다. 굽힘 부위에서 기공, 크랙 등의 결함이 발생할 수 있으므로 정확히 관찰한다. 결함이 발생된다면 해당되는 결함의 종류별 크기만큼 감점사항이 될 수 있다. 시험편이 1개만 부러질 경우 외관 점수 등을 포함하여 다른 과제등과 점수를 합산하여 합격여부가 달라질 수 있으며 만약 2개 다 부러질 경우 실격사유에 해당된다.

(a) 결함 측정 1

(b) 결함 측정 2

[그림 5.1.5] 결함측정

제 2 절 스테인리스강 맞대기용접 검사

1. 맞대기용접부 검사

(1) 외관검사 기준 파악하기

맞대기용접 완료 후 정해진 자리에 시험편을 제출한다. 제출된 작품은 시험감독이 외관검사를 진행하고 통과하면 굽힘시험이 진행된다. 시험편의 육안검사는 다음과 같다.

① 표면 또는 이면 비드 폭, 높이가 일정한가 ?
- 맞대기용접에서 표면 비드의 폭은 9~11mm가 적당하다.
- 표면 비드의 높이는 1~1.5mm 이하가 적당하다.

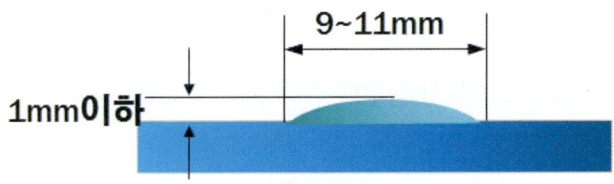

[그림 5.2.1] 가스텅스텐아크용접 시험편 표면 비드 폭과 높이의 기준

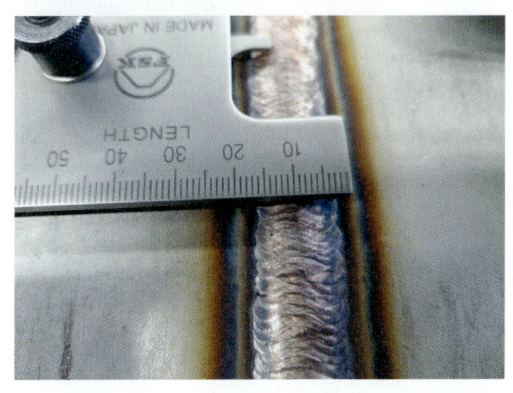 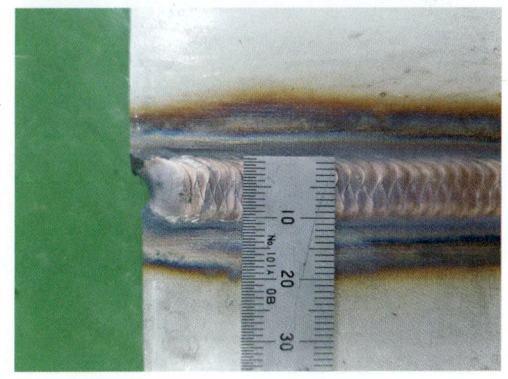

(a) 표면 비드 폭 부적당(약 16mm)   (b) 표면 비드 폭 적당(약 10mm)

[그림 5.2.2] 시험편 비드 폭

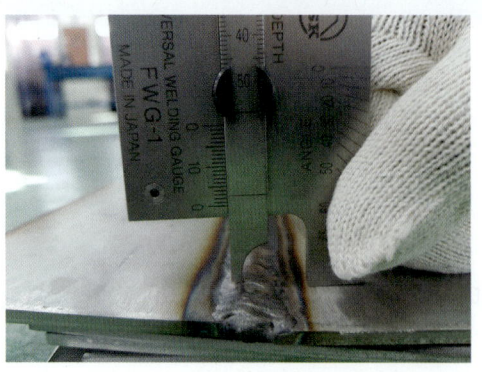
(a) 표면 비드 높이 부적당(약 6mm)

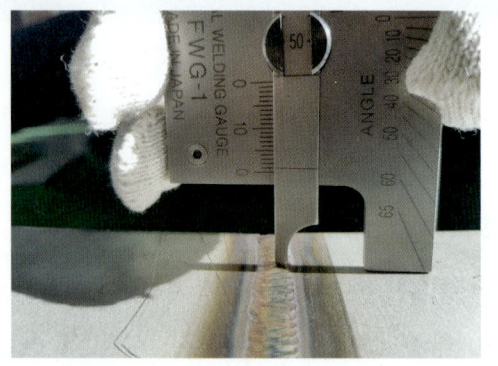
(b) 표면 비드 높이 적당(약 1mm)

[그림 5.2.3] 용접 시험편 표면비드 높이

② 시작부, 크레이터는 잘 채워졌는가?
- 시작부에서는 입열량이 적기 때문에 아크열로 모재와 와이어를 충분히 용융하여 용착한다.
- 크레이터부에 열이 집중되기 때문에 아크를 끊고 천천히 모재를 서냉하는 것이 좋으며 후기가스를 약 5초간 설정하고 용접토치를 크레이터부에서 아크를 끊고 바로 떼는 것이 아니라 후기가스가 완전히 흐를 때까지 토치를 크레이터부에서 유지한다.

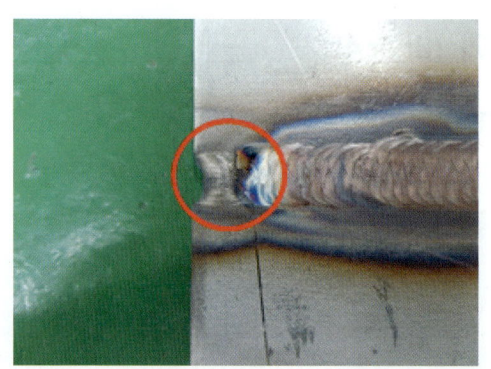
(a) 시작부 용융 불량

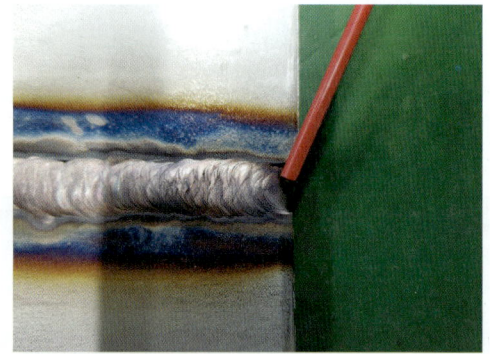
(b) 크레이터 처리 불량

[그림 5.2.4] 용접 시험편 시작부와 크레이터

③ 언더 컷, 용입불량, 아크스트라이크는 없는가?
- 언더컷은 전류가 높거나 용접속도가 빠를 때 발생하기 때문에 전류의 재설정과 용접속도를 적정하게 하는 것이 효과적이다.

- 아크스트라이크는 용접 중에 토치의 노즐이 용접부에서 벗어나 모재의 표면에 아크를 발생시켰을 때 생성되는 것으로 팔과 손에 힘을 빼고 부드럽게 하는 것이 효과적이다.

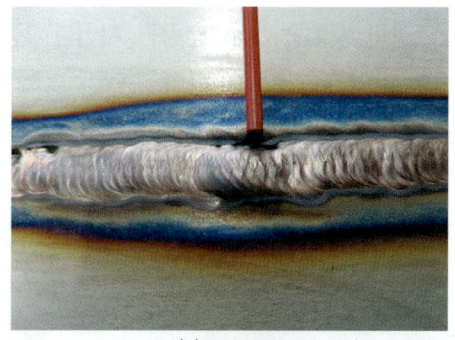
(a) 언더컷

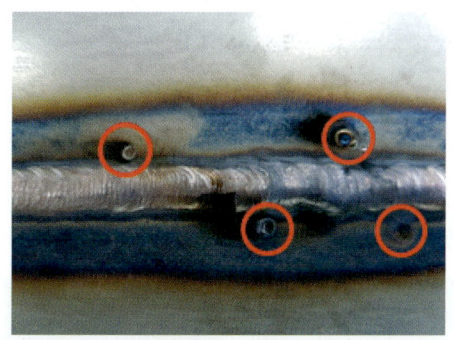
(b) 아크스트라이크

[그림 5.2.5] 용접 시험편의 언더컷과 아크스트라이크

④ 표면 비드의 산화, 이면 비드의 산화 등이 없는가?
- 이면비드의 산화는 뒷판의 홈과 폭이 깊어 공기의 혼입, 높은 전류의 사용, 용접속도가 느릴 때 발생한다.
- 표면비드의 산화는 용접전류는 높고 속도는 느릴 때 발생한다. 홈 각도에 이물질, 기름 등이 묻어 있는 경우에도 발생할 수 있다.

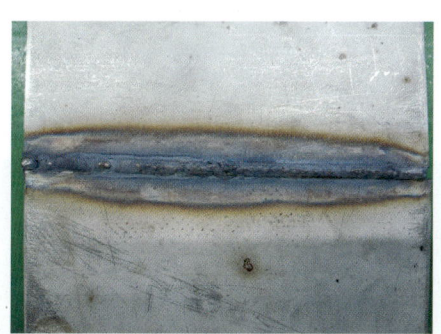
(a) 이면비드 산화

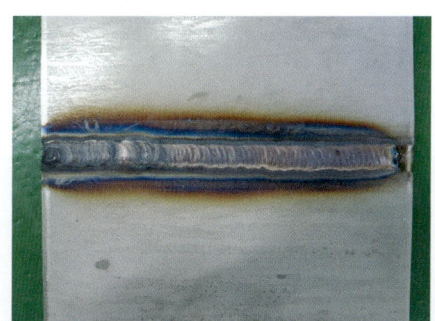
(b) 표면비드 산화

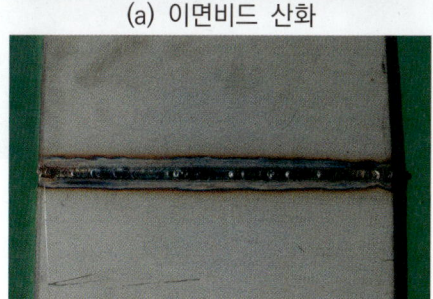
(C) 이면비드 적당

(d) 표면비드 적당

[그림 5.2.6] 용접 시험편 표면과 이면 비드

(2) 굽힘시험

육안검사가 끝나면 합격자는 모재 표면과 이면을 가공한다. 시험 장소에 따라 수험자 또는 관리원이 가공하는 곳도 있다. 굽힘 시험편은 총 4장으로 스테인리스 강판 시험편 2장, 연강판 시험편 2장이며 각각 표면과 이면의 굽힘시험을 수행한다. 이때 굽힘시험편의 상태가 3mm 이상의 균열이 50% 이상 발생된 경우 점수와 관계없이 불합격으로 판정된다. 가스텅스텐아크용접의 굽힘시험 방법은 다음과 같다.

① 모재의 표면과 이면을 그라인더를 이용하여 가공한다. 이때 용접비드의 길이 방향으로 가공한다.

(a) 가공 방법 정상

(b) 가공 방법 비정상

[그림 5.2.7] 굽힘시험 가공

② 가공된 모재는 시험위원에게 제출하면 된다.

(a) 가공 상태 정상

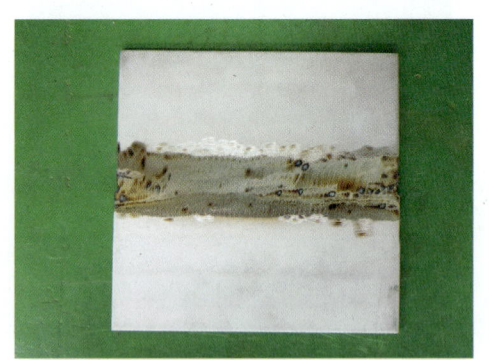
(b) 가공 상태 비정상

[그림 5.2.8] 용접시험편 가공 상태

③ 절단할 모재의 마킹이 끝나면 모재는 마킹선에 따라 유압전단기 또는 가스절단을 사용하여 굽힘시험 38±2mm 크기로 절단한다. 시험편은 표면과 이면 굽힘을 한다.

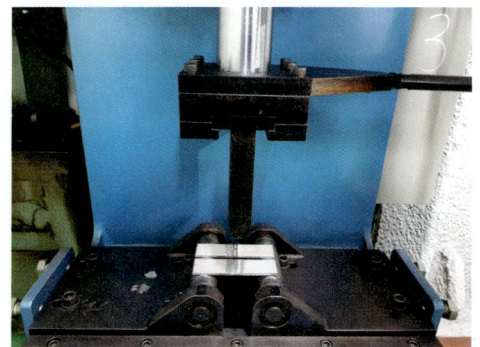 

[그림 5.2.9] 굽힘시험

④ (a)와 같이 용접부에 균열이 발생되지 않아야 한다. (b), (c), (d)의 경우 불합격에 해당된다.

(a) 굽힘시험 정상   (b) 전 균열 합계 7mm

 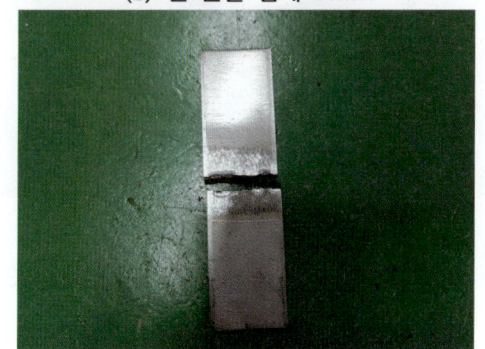

(c) 연속균열 3mm 초과   (d) 전 균열 합계 7mm 초과

[그림 5.2.10] 굽힘시험 결과

제3절 온둘레 필릿용접 검사

(1) 외관검사 기준 파악하기

온둘레 필릿 용접 외관검사에서 오작기준은 다음과 같다.

① 외관검사를 하기 전 비드 표면에 줄 가공이나 그라인더 등의 가공을 한 작품
② 용접완료 후 시험편(비드 등)에 해머링을 한 작품 및 지급된 용접봉을 사용하지 않은 작품
③ 온둘레 필릿 용접(일주용접)부에서 비드 폭과 높이가 각각 요구된 목길이(각장)의 2.5~5mm 범위를 벗어나는 작품
④ 파이프 온둘레 필릿용접(일주용접)에서 누수가 발생한 작품
⑤ 파이프 온둘레 필릿용접(일주용접)에서 파이프 치수 위치 오차가 10mm 이상 벗어난 작품
⑥ 파이프 온둘레 필릿 용접(일주용접)에서 이면부(파이프 및 밑판)의 산화 및 용락이 발생된 경우
⑦ 공단에서 지정한 각인을 각 부품별로 반드시 날인 받아야 하며, 각인이 날인되지 않은 과제를 제출할 경우에는 채점하지 아니하고, 불합격 처리됨.

(a) 전면 비드 외관 검사   (b) 이면부 검사

[그림 5.3.1] 비드 외관평가

(a) 목길이(3.5mm)   (b) 목길이(3.0mm)

[그림 5.3.2] 목길이 측정방법

(2) 누수시험

① 시험감독의 외관평가가 끝나면 합격자는 파이프에 물을 채워 누수시험을 진행한다. 누수가 발생될 경우 오작처리 된다.

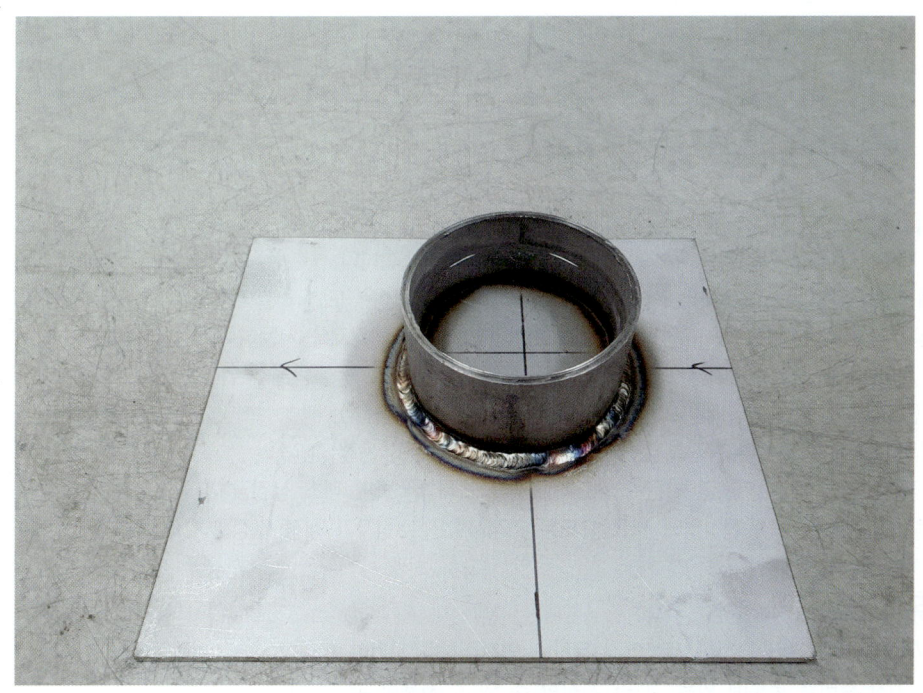

[그림 5.3.3] 누수검시험

국가기술자격 실기시험문제

자격종목	가스텅스텐아크용접기능사	과제명	도면참조

※ 문제지는 시험 종료 후 본인이 가져갈 수 있습니다.

비번호		시험일시		시험장명	

※ 시험시간 : 2시간

1. 요구사항

※ 지급된 재료와 별첨 도면에서 지시한 내용대로 과제명과 같이 용접하시오.
※ 수험자가 작품을 제출한 후 채점을 위한 그라인더 가공은 시험위원의 지시를 받아 관리원이 하도록 합니다.

가. 용접 자세

1) 아래보기자세는 모재를 수평으로 고정하고 아래보기로 용접을 하여야 합니다.
2) 수평자세는 모재를 수평면과 90°되게 고정하고 수평으로 용접을 하여야 합니다.
3) 수직자세는 모재를 수평면과 90°되게 고정하고 수직으로 용접을 하여야 합니다.
4) 위보기자세는 모재를 위보기 수평(0°)되게 고정하고 위보기로 용접하여야 합니다.
5) 온둘레 필릿 용접에서 용접선은 도면의 자세대로 용접할 수 있도록 모재를 고정한 후 비드 폭과 높이가 각각 2.5~5mm를 초과하지 않도록 용접하고, 온둘레 필릿 용접의 가용접은 4곳 이하, 시험편 용접의 가용접은 2곳 이하로 해야 하며, 가용접 길이는 10mm 이내로 하여야 합니다.
6) 파이프 온둘레 필릿 용접은 감독위원에게 가용접 후 검사를 받아야 합니다.

나. 용접 작업

1) 작품을 제출한 후에는 재작업을 할 수 없으므로 유의해서 작업합니다.
2) 모든 용접에서 엔드탭(end tap) 사용을 금하고, 맞대기 용접작업은 도면과 같이 150mm 모두 실시하여야 합니다.
3) 스테인리스강 맞대기 용접 시 규정된 이면 보호판이나 세라믹 백킹제를 사용하여 작업이 가능하며, 용접 모재와 이면 보호판 사이(모재 이면)로 후기(실드)가스, 이물질(종이필터, 테이프 등) 등을 투입하지 않고 작업합니다.
  (단, 앞면, 옆면에 은박(종이)테이프 등을 붙이고 작업은 가능합니다.)
4) 본용접 시 모재를 돌려가며 용접하지 않습니다.(단, 온둘레 필릿 용접 제외)
  (예, 수직 첫 번째 패스(한줄 전체)를 하진 후 모재를 돌려 두 번째 패스 상진금지)
5) 가스유량, 전류·전압 등 용접작업에 필요한 모든 조정사항은 수험자가 직접 결정하여 작업합니다.

2. 수험자 유의사항

1) 수험자가 지참한 공구와 지정한 시설만 사용하고 안전수칙을 지켜야 합니다.
  (수험자 지참 준비물 목록에 있는 것 만 지참할 수 있고, 사용할 수 있음)
2) 용접을 시작하기 전 V홈 가공 또는 피막 제거를 위한 줄 가공이나 그라인더 가공은 허용합니다.
3) 수험자가 용접 토치 부속품의 변경을 원할 경우 지참공구목록에 포함되어 있는 텅스텐전극봉, 세라믹 노즐에 한하여 수험자가 직접 교환하여 용접작업을 할 수 있고, 용접작업이 완료된 후 원상태로 복구 시켜야 하며, 교환 및 복구 시간은 시험시간에 포함됩니다.

4) 용접외관 채점 후 굽힘시험(파이프 온둘레 필릿 용접(일주용접)은 누수검사)을 하므로 용접 후 용접부에 줄이나 그라인더 등의 가공을 금합니다.
5) 복장상태, 작업 시 안전보호구 착용여부 및 사용법, 재료 및 공구 등의 정리정돈과 안전 수칙 준수 등도 시험 중에 채점하므로 철저히 해야 합니다.
6) 용접 변형에 대한 부분도 채점을 진행함으로 유의하여 용접 작업을 합니다.
7) 다음 사항은 실격에 해당하여 채점 대상에서 제외됩니다.
    (1) 수험자 본인이 시험 도중 시험에 대한 포기 의사를 표 하는 경우
    (2) 실기시험 과제 중 1개의 과제라도 불참한 경우
    (3) 전(全)감독위원이 용접의 상태(시험편의 용락, 언더컷, 오버랩, 비드상태 등 구조상의 결함, 용접방법 등)가 채점기준에서 제시한 항목 이외의 사항과 관련하여 용접 작품으로 인정할 수 없는 작품
    (4) 1개소라도 미 용접된 작품 또는 시험시간을 초과한 작품
    (5) 맞대기 용접 시험편에서 이면비드(시점, 이음부, 종점 포함)의 불완전 용융부가 용접부 길이의 20mm를 초과한 작품
    (6) 이면 받침판을 사용했거나 이면 비드에 보강 용접을 한 작품
        (단, 스테인리스강 시험편 용접의 경우만 이면 받침판 또는 세라믹 백킹제의 사용을 허용합니다.)
    (7) 외관검사를 하기 전 비드 표면에 줄 가공이나 그라인더 등의 가공을 한 작품
    (8) 용접완료 후 시험편(비드 등)에 해머링을 한 작품 및 지급된 용접봉을 사용하지 않은 작품
    (9) 요구사항을 지키지 않은 작품 및 필릿 용접에서 도면에 지시된 용접 구간 내에 용접하지 않은 작품
    (10) 온둘레 필릿 용접(일주용접)부에서 비드 폭과 높이가 각각 요구된 목길이(각장)의 2.5 ~ 5mm 범위를 벗어나는 작품
    (11) 굴곡시험에서 시험편 개수의 50%(총 4개 중 2개) 이상이 0점인 작품
    (12) 본용접 시 비드 내에서 전진법이나 후진법을 혼용하거나, 상진법이나 하진법을 혼용한 작품
        (용접 시점과 종점은 모두 동일해야 함)
    (13) 맞대기 용접부의 비드 높이가 용접시점 10mm, 종점 10mm를 제외한 모재 두께보다 낮은(0mm 미만) 작품
    (14) 도면에 제시된 모재와 규정된 각도를 10°이상 초과해서 용접 작업할 경우
    (15) 도면에 표기된 상태로 가용접을 하지 않는 경우
    (16) 용접부의 비드 높이가 3mm를 초과한 작품
    (17) 파이프 온둘레 필릿 용접(일주용접)에서 누수가 발생한 작품
    (18) 파이프 온둘레 필릿 용접(일주용접)에서 파이프 치수오차가 10mm 이상 벗어난 작품
    (19) 스패터 부착 방지제, 슬래그 제거제 등의 화학제품 및 용접작업에 도움이 되는 도구(지그, 턴테이블 등)를 사용한 경우
    (20) 파이프 온둘레 필릿 용접(일주용접)에서 이면부(파이프 및 밑판)의 산화 및 용락이 발생된 경우
    (21) 용접 토치 부속품 교환 시 지정된 지참공구목록(Ø2.4 텅스텐 전극봉, 세라믹노즐) 외 부품(콜릿척, 콜릿바디, 변형세라믹노즐 등), 장비, 시설을 사용한 경우
    (22) 연강 맞대기 용접에 스테인리스강용 용접봉을 사용했거나, 스테인리스강 맞대기용접, 온둘레 필릿 용접에 연강용 용접봉을 사용한 경우
8) 공단에서 지정한 각인을 각 부품별로 반드시 날인 받아야 하며, 각인이 날인되지 않은 과제를 제출할 경우에는 채점하지 아니하고, 불합격처리합니다.

※ 국가기술자격 시험문제는 저작권법상 보호되는 저작물이고, 저작권자는 한국산업인력공단입니다. 시험문제의 일부 또는 전부를 무단 복제, 배포, (전자)출판하는 등 저작권을 침해하는 일체의 행위를 금합니다.
〈국가기술자격 부정행위 예방 캠페인 : "부정행위, 묵인하면 계속됩니다."〉

3. 지급재료 목록

일련번호	재료명	규격	단위	수량	비고
1	연강판	t6 100×150	개	2	1인당, 2장 각각 150면 개선가공
2	스테인리스 강판	t3 75×150	개	2	1인당, 2장 각각 150면 개선가공
3	스테인리스 강판	t4 200×220	개	1	1인당
4	스테인리스강 파이프	t3 80A×50L	개	1	1인당, 수동배관용 KS D 3576 80A Sch10S(t3)
5	GTAW 용접봉	Ø2.4×1000			공용, T-308 (스테인리스강용)
6	GTAW 용접봉	Ø2.4×1000			공용, T-50 (연강용)
7	텅스텐 전극봉	Ø2.4			공용

※ 기타지급재료는 공용으로 사용하시기 바랍니다.

※ 국가기술자격 실기시험 지급재료는 시험종료 후(기권, 결시자 포함) 수험자에게 지급하지 않습니다.

4. 도면
예시도면 ①

자격종목	가스텅스텐아크용접기능사	과제명	시험편 맞대기 용접, 파이프 온둘레 필릿용접	척도	N.S

가) 연강 맞대기 용접

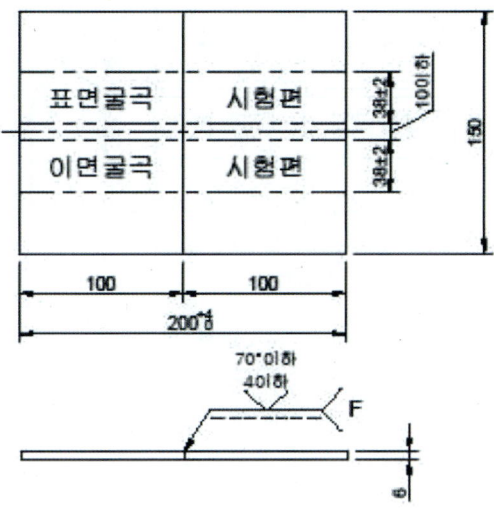

나) 스테인리스강 맞대기 용접

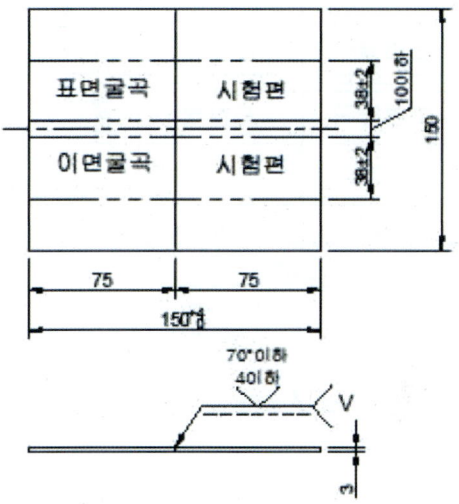

다) 온둘레 필릿 용접(일주용접)

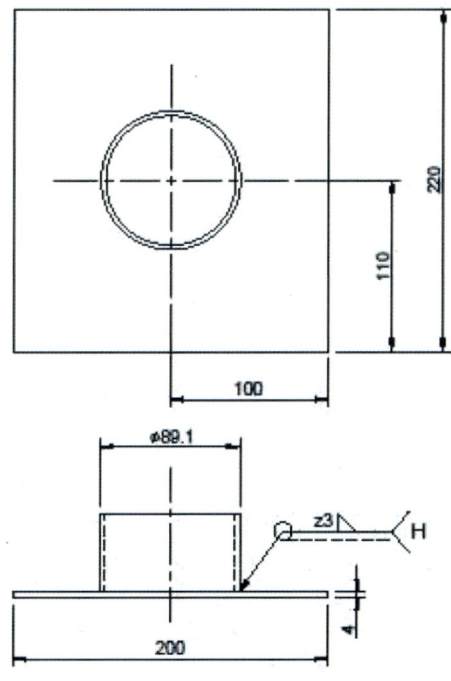

주서
1. 시험편 맞대기용접은 규정된 이면 받침판을 사용하여 용접합니다.
2. 시험편 맞대기용접은 전체길이(150mm)를 모두 용접하여야 합니다. (엔트댑 사용을 금한다.)
3. 파이프 온둘레 필릿 용접 시 용접기호를 참고하여 작업합니다.
4. 파이프 온둘레 필릿 용접은 감독위언에게 가용접 검사를 받아야 합니다.

예시도면 ②

| 자격종목 | 가스텅스텐아크용접기능사 | 과제명 | 시험편 맞대기 용접, 파이프 온둘레 필릿용접 | 척도 | N.S |

가) 연강 맞대기 용접

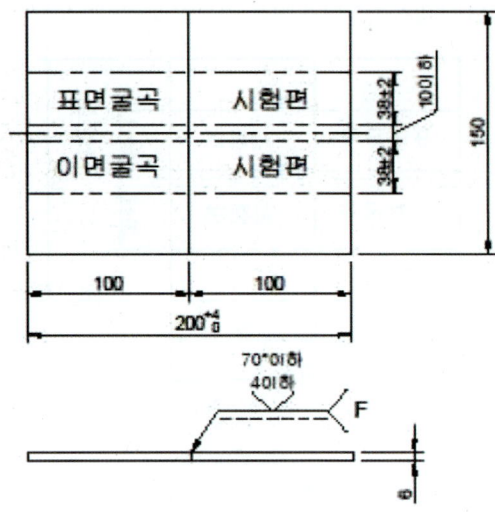

나) 스테인리스강 맞대기 용접

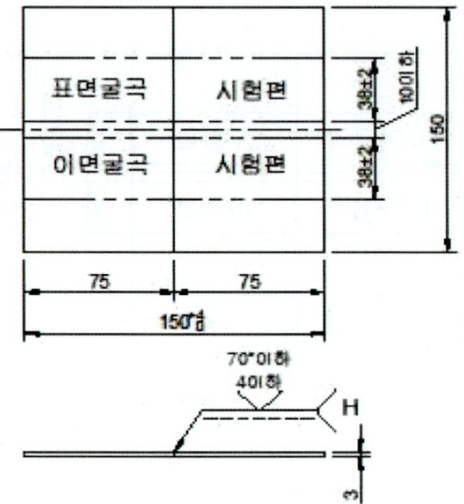

다) 온둘레 필릿 용접(일주용접)

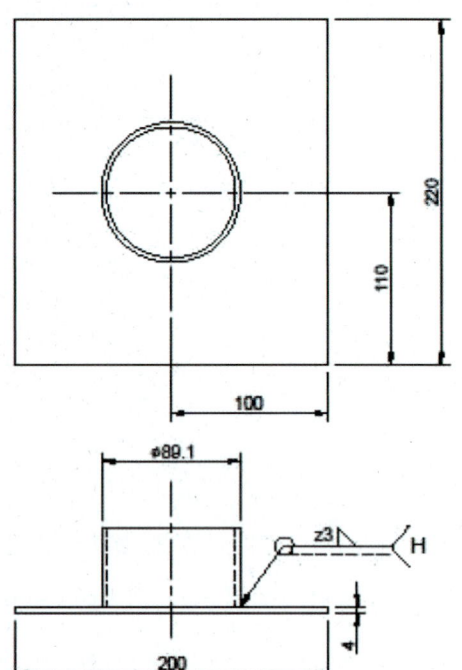

주서
1. 시험편 맞대기용접은 규정된 이면 받침판을 사용하여 용접합니다.
2. 시험편 맞대기용접은 전체길이(150mm)를 모두 용접하여야 합니다. (엔트탭 사용을 금한다.)
3. 파이프 온둘레 필릿 용접 시 용접기호를 참고하여 작업합니다.
4. 파이프 온둘레 필릿 용접은 감독위언에게 가용접 검사를 받아야 합니다.

예시도면 ③

| 자격종목 | 가스텅스텐아크용접기능사 | 과제명 | 시험편 맞대기 용접, 파이프 온둘레 필릿용접 | 척도 | N.S |

가) 연강 맞대기 용접

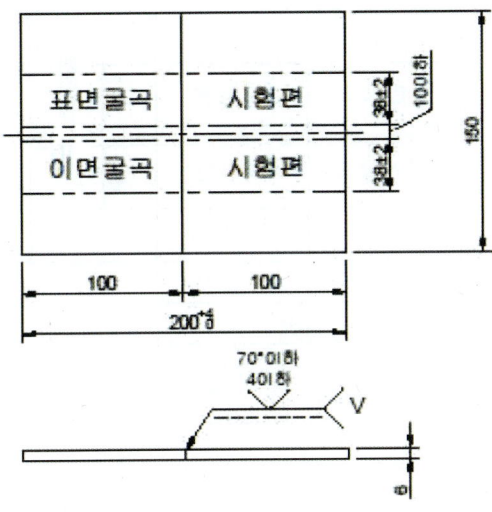

나) 스테인리스강 맞대기 용접

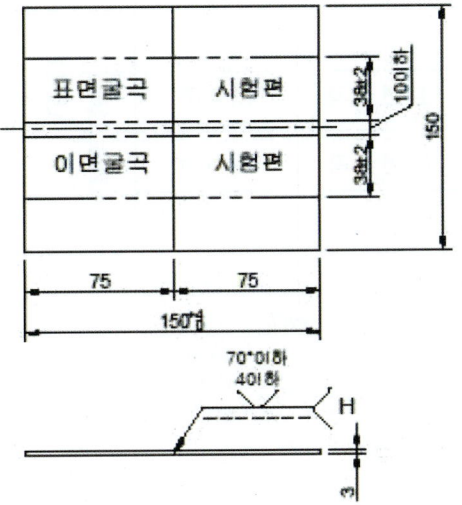

다) 온둘레 필릿 용접(일주용접)

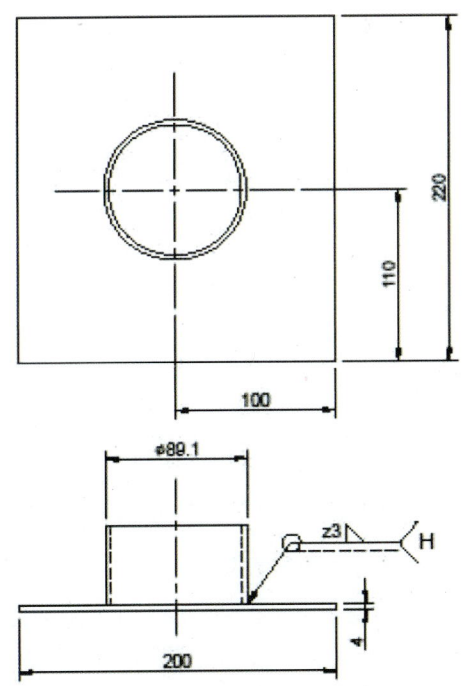

주서
1. 시험편 맞대기용접은 규정된 이면 받침판을 사용하여 용접 합니다.
2. 시험편 맞대기용접은 전체길이(150mm)를 모두 용접하여야 합니다. (엔트댑 사용을 금한다.)
3. 파이프 온둘레 필릿 용접 시 용접기호를 참고하여 작업합니다.
4. 파이프 온둘레 필릿 용접은 감독위언에게 가용접 검사를 받아야 합니다.

예시도면 ④

| 자격종목 | 가스텅스텐아크용접기능사 | 과제명 | 시험편 맞대기 용접, 파이프 온둘레 필릿용접 | 척도 | N.S |

가) 연강 맞대기 용접

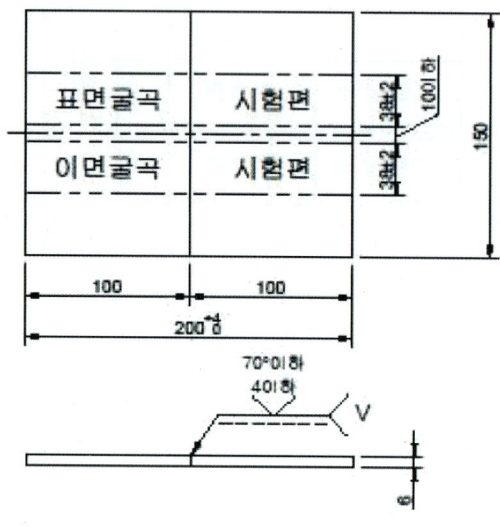

나) 스테인리스강 맞대기 용접

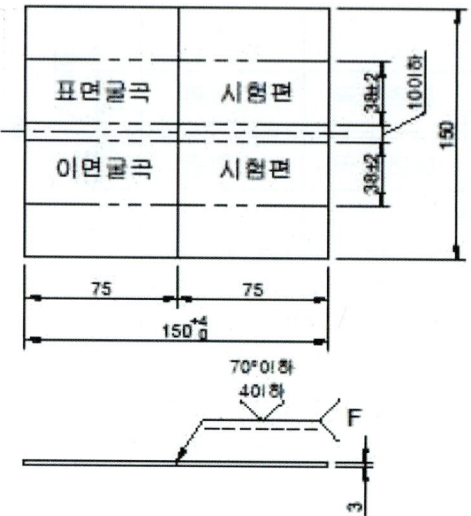

다) 온둘레 필릿 용접(일주용접)

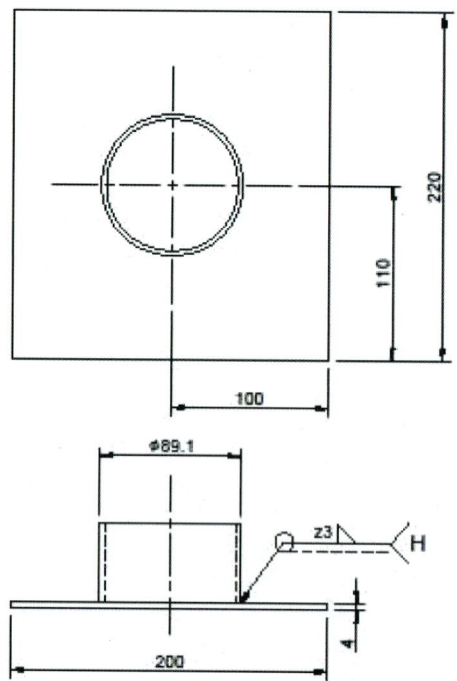

주서
1. 시험편 맞대기용접은 규정된 이면 받침판을 사용하여 용접합니다.
2. 시험편 맞대기용접은 전체길이(150mm)를 모두 용접하여야 합니다. (엔드탭 사용을 금한다.)
3. 파이프 온둘레 필릿 용접 시 용접기호를 참고하여 작업합니다.
4. 파이프 온둘레 필릿 용접은 감독위언에게 가용접 검사를 받아야 합니다.

예시도면 ⑤

| 자격종목 | 가스텅스텐아크용접기능사 | 과제명 | 시험편 맞대기 용접, 파이프 온둘레 필릿용접 | 척도 | N.S |

가) 연강 맞대기 용접

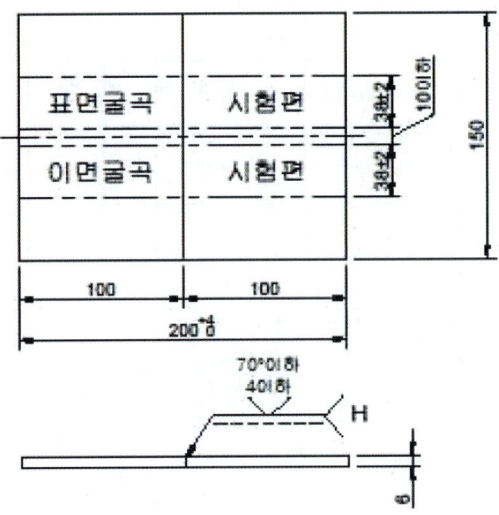

나) 스테인리스강 맞대기 용접

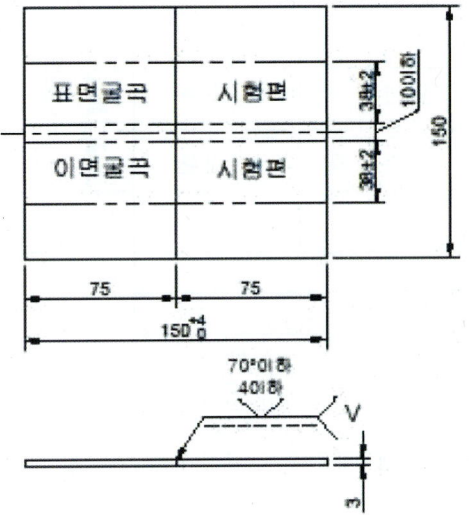

다) 온둘레 필릿 용접(일주용접)

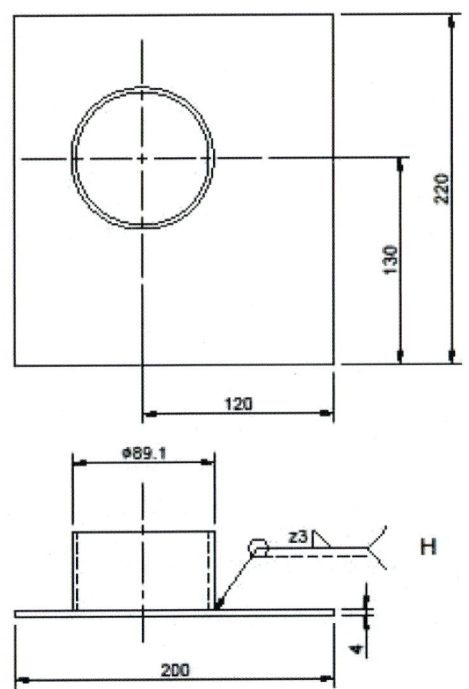

주서
1. 시험편 맞대기용접은 규정된 이면 받침판을 사용하여 용접합니다.
2. 시험편 맞대기용접은 전체길이(150mm)를 모두 용접하여야 합니다. (엔드탭 사용을 금한다.)
3. 파이프 온둘레 필릿 용접 시 용접기호를 참고하여 작업합니다.
4. 파이프 온둘레 필릿 용접은 감독위원에게 가용접 검사를 받아야 합니다.

예시도면 ⑥

| 자격종목 | 가스텅스텐아크용접기능사 | 과제명 | 시험편 맞대기 용접, 파이프 온둘레 필릿용접 | 척도 | N.S |

가) 연강 맞대기 용접

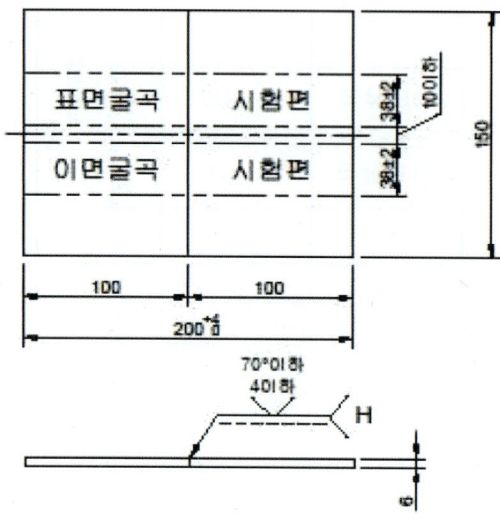

나) 스테인리스강 맞대기 용접

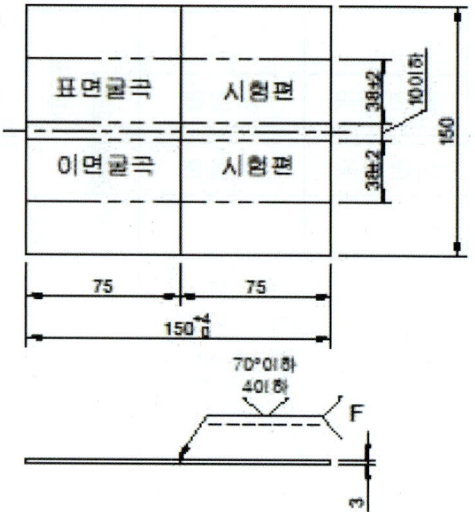

다) 온둘레 필릿 용접(일주용접)

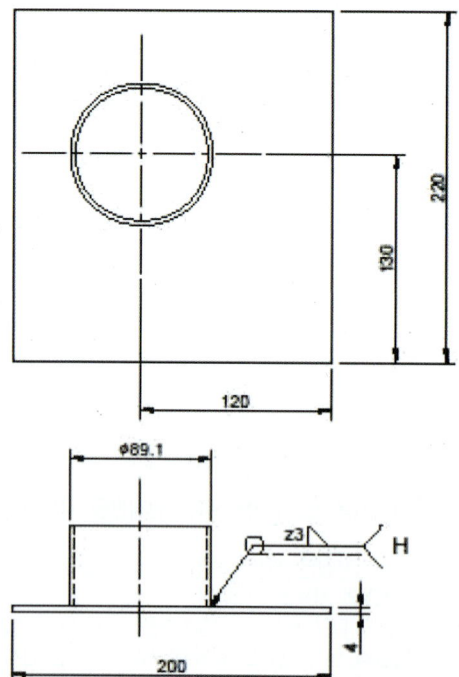

주서
1. 시험편 맞대기용접은 규정된 이면 받침판을 사용하여 용접합니다.
2. 시험편 맞대기용접은 전체길이(150mm)를 모두 용접하여야 합니다. (엔트탭 사용을 금한다.)
3. 파이프 온둘레 필릿 용접 시 용접기호를 참고하여 작업합니다.
4. 파이프 온둘레 필릿 용접은 감독위원에게 가용접 검사를 받아야 합니다.

예시도면 ⑦

| 자격종목 | 가스텅스텐아크용접기능사 | 과제명 | 시험편 맞대기 용접, 파이프 온둘레 필릿용접 | 척도 | N.S |

가) 연강 맞대기 용접

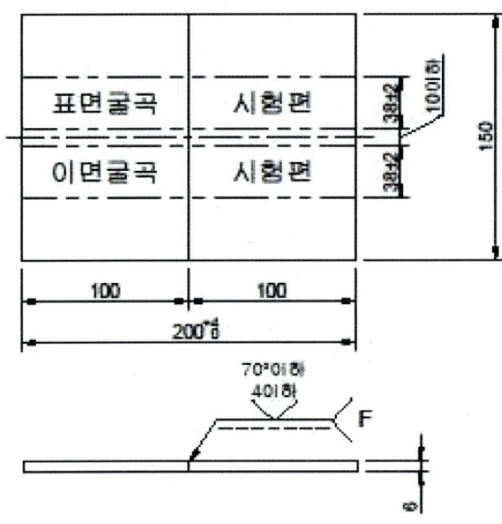

나) 스테인리스강 맞대기 용접

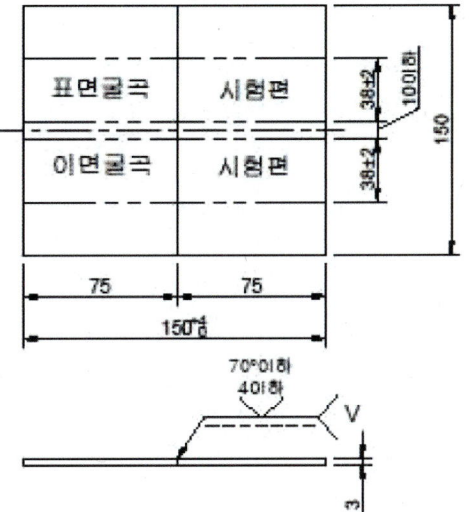

다) 온둘레 필릿 용접(일주용접)

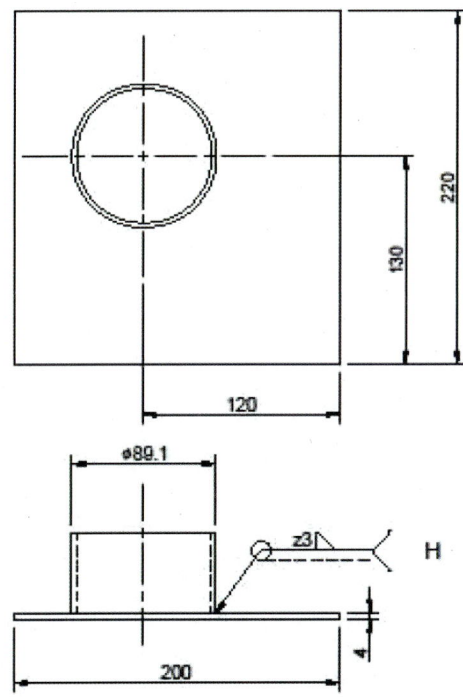

주서
1. 시험편 맞대기용접은 규정된 이면 받침판을 사용하여 용접합니다.
2. 시험편 맞대기용접은 전체길이(150mm)를 모두 용접하여야 합니다. (엔드탭 사용을 금한다.)
3. 파이프 온둘레 필릿 용접 시 용접기호를 참고하여 작업합니다.
4. 파이프 온둘레 필릿 용접은 감독위언에게 가용접 검사를 받아야 합니다.

가스텅스텐아크 용접기능사 실기

발 행 일	2025년 1월 1일 초판 1쇄 인쇄 2025년 1월 10일 초판 1쇄 발행
저 자	김명선·이상원·홍상현·윤상준 공저
발 행 처	크라운출판사 http://www.crownbook.com
발 행 인	李尙原
신고번호	제 300-2007-143호
주 소	서울시 종로구 율곡로13길 21
공 급 처	(02) 765-4787, 1566-5937
전 화	(02) 745-0311~3
팩 스	(02) 743-2688, 02) 741-3231
홈페이지	www.crownbook.co.kr
I S B N	978-89-406-4893-3 / 13550

특별판매정가 18,000원

이 도서의 판권은 크라운출판사에 있으며, 수록된 내용은 무단으로 복제, 변형하여 사용할 수 없습니다.
Copyright CROWN, ⓒ 2025 Printed in Korea

이 도서의 문의를 편집부(02-744-4959)로 연락주시면 친절하게 응답해 드립니다.